Fig. 1.

Älteste bekannte Darstellung eines abendländischen Gerbers.

Bildnis des Irhers (Weißgerbers) Fritz Egen † 1473. Aus dem Buche der Mendelschen Zwölfbrüderstiftung, Handschrift im Stadtarchiv in Nürnberg.

Bibliothek des Gerbers.
Herausgegeben von der
Chemischen Fabrik E. Stickelberger & Cie.
in Basel und Haltingen (Baden)

Band I:

Versuch einer

Geschichte der Gerberei

von

Emanuel Stickelberger.

Springer-Verlag Berlin Heidelberg GmbH
1915

Additional material to this book can be downloaded from http://extras.springer.com

ISBN 978-3-642-47300-5 ISBN 978-3-642-47742-3 (eBook)
DOI 10.1007/978-3-642-47742-3

Softcover reprint of the hardcover 1st edition 1915

Meiner Frau

in Liebe und Verehrung gewidmet.

EINLEITUNG.

> Undank iſt der Welt Lohn. Wir gehen alle auf Leder, und verdanken es den Gerbern ſo wenig als dem lieben Vieh, und diejenigen, welche auf bloßen Füßen, die Schuhe in der Hand, gehen, bezeigen noch allein dem Handwerk Ehre.
>
> Weber, Demokritos Bd. II, XIII.

Der lachende Philoſoph hat wohl kaum gedacht, daß dieſe Worte in ſeinen Ausführungen über die Handwerker einſt gleichſam als Entſchuldigung für das Entſtehen eines Buches an deſſen Spitze zu ſtehen kommen würden. Mit vorliegender Arbeit möchte ich ihn widerlegen und zeigen, daß wohl noch Dank da iſt für ſtilles, beharrliches Wirken im Dienſte der Allgemeinheit, daß ſich auch über dieſe „Helden des Alltags" in der Kunſt und Literatur aller Zeiten und aller Kulturvölker Spuren und Angaben finden, deren nachfolgende Zuſammenſtellung manchem Gerber eine Feierabendſtunde verkürzen möge. „Ledermenſchen ſind noch lange keine ledernen Menſchen," meinte einmal ein alter Gerber, als ich mich wunderte, den einfachen Mann vom Lande im Beſitze ſchöner Naturalienſammlungen und einer ſorgfältig ausgewählten kleinen Bibliothek zu finden. An dieſen Ausſpruch denke ich, wenn ich in einer „Bibliothek des Gerbers", die in der Folge ausſchließlich Werke praktiſchen Inhaltes enthalten ſoll, als erſten Band eine geſchichtliche Arbeit erſcheinen laſſe und bin überzeugt, daß mancher Lederfabrikant gerne einmal einen Blick in das Tun und Treiben ſeiner Berufsvorgänger in früheren Zeiten tun wird.

Aus dem Altertum ſind Hinweiſe auf den Gerberberuf in geringer Zahl erhalten. Ich habe daher im erſten Kapitel auch dasjenige Material geſammelt, das auf Schuhe und andere Ledergegenſtände Bezug hat, da ſich hieraus immerhin Rückſchlüſſe auf den dazumaligen Stand der Gerberei ziehen laſſen.

Aus dem Mittelalter und auch aus den ihm folgenden Jahrhunderten bis zur Revolution exiſtiert zwar keine einzige Schrift, die uns über die Gerber und ihren Beruf eingehend unterrichten könnte. Jedoch läßt ſich aus den Zunftarchiven, der zeitgenöſſiſchen Literatur und andern Quellen immerhin ein gutes Geſamtbild über das Handwerk und ſeine Erzeugniſſe gewinnen, namentlich auch über das ſo intereſſante Innungsweſen.

Die angeführten Beiſpiele zeigen, daß die Regelung der Verhältniſſe des Gerberhandwerkes durchaus keine einheitliche war, ſondern von den örtlichen Umſtänden, den Zunftordnungen der einzelnen Städte und der Bedeutung der Gerberei in dem betreffenden Gebiete abhing. Erſt die mehr und mehr einſetzende Fühlungnahme verbündeter Gemeinweſen untereinander auch in wirtſchaftlichen Fragen und wohl auch das den Geſellen vorgeſchriebene Wandern in fremden Ländern ſchliff nach und nach manche lokale Eigentümlichkeiten ab.

Hinweiſe auf Ledergegenſtände habe ich in dieſem Kapitel nur noch gelegentlich aufgenommen und mich auf die eigentliche Gerberei beſchränkt. Wen auch die Lederbearbeitung intereſſiert, der ſei auf einſchlägige Schriften, namentlich auf das glänzend ausgestattete Werk: Jörissen, die Lederfabrikation*) hingewiesen, das eine geschichtliche Einleitung bringt, die allerdings hauptsächlich die Schuhmacherei berührt. Abgesehen hiervon und von der ungemein fleißigen Arbeit von Kurt über die ostthüringische Lederindustrie*), die nur ein beschränktes Gebiet behandelt, dürfte das vorliegende Buch der erste Versuch einer allgemeinen Monographie über die Gerberei früherer Zeiten sein. Ich darf daher wohl für die vielen Lücken und Unvollkommenheiten die freundliche Nachsicht des Lesers erbitten. Für jede wenn auch geringfügige Mitteilung aus Zunftarchiven, mündlicher Überlieferung oder andern Quellen, die für eine allfällige spätere Auflage benutzbar wäre, bin ich außerordentlich dankbar.

Nachsatz: Nach Fertigstellung dieses Buches kam mir das neue reichhaltige Werk Georg Eberts: Die Entwicklung der Weißgerberei**) zu. Es hätte für meine Zwecke eine Fundgrube interessanter Angaben gebildet, leider ist es mir nicht mehr möglich, es zu benützen. Immerhin verdanke ich ihm Hinweise, die mir ermöglichten, die Abbildungen 1 und 8 noch einzuschalten.

* * *

---

*) S. Literaturnachweis.
**) Leipzig 1913.

Folgenden Herren, die mich bei meiner Arbeit durch Mitteilungen, Auskünfte und Hinweiſe unterſtützten, ſei an dieſer Stelle mein Dank ausgeſprochen:

Herrn Dr. Rudolf Bernoulli, Direktorialaſſiſtent am Königl. Kunſtgewerbemuſeum in Berlin,
„ Architekt Jakob Brunnſchweiler in Bern,
„ Prof. Dr. Paul Ganz in Baſel,
„ Lederfabrikant Max Hirſch in Weinheim,
„ Ledertechniker Paul Kornmann in Baſel,
„ Direktor Karl Küchel in Worms,
„ Direktor Theodor Lang in Baſel,
„ Dr. von Meyenburg in Baſel,
„ Archivrat Mummenhoff in Nürnberg,
„ Dr. Heinrich Stickelberger in Bern,
„ Staatsarchivar v. Stürler in Bern,
„ Oberſt E. Uſteri-Peſtalozzi in Zürich.

Quellenverzeichnis und Literaturnachweis.

Archiv der Rotgerberzunft in Butzbach. Im Besitze des Herrn Direktor Karl Küchel in Worms.

Berlepsch: Chronik vom ehrbaren Schuhmachergewerk. St. Gallen 1850.

Bucher, B.: Geschichte der technischen Künste. Stuttg. 1875—1893.

Ermann, Adolf: Ägypten und ägyptisches Leben im Altertum. Tübingen 1885.

Ganz, Paul: Statistik schweizerischer Gemälde und Handzeichnungen. Manuskript im Kupferstichkabinett der Basler Kunstsammlung.

Geering, Traugott: Leben und Treiben auf den Basler Zünften im Mittelalter. Basel 1886.

Greuser, A.: Zunftwappen und Handwerkerinsignien. Frankfurt a. M. 1889.

Heilige Schrift.

Homer: Jlias und Odyssee. Voß'sche Übersetzung.

Jörissen, Franz: Die deutsche Leder- und Lederwaren-Industrie. Berlin 1909.

Krönlein, H.: Die Lederfabrikation. Hannover.

Kurth, Lothar: Die wirtschaftliche Entwicklung der Gerberei mit besonderer Berücksichtigung von Ostthüringen. Berlin 1912.

Lepsius: Denkmäler aus Ägypten und Äthiopien, 1849—1859.

Lietzmann, S. C. H.: Die Herstellung des Leders. Berlin 1880.

Mummenhoff, Ernst: Der Handwerker in der deutschen Vergangenheit. Leipzig 1901.

Rosellini: Monumenti dell' Egitto e della Nubia. Pisa 1842—1844.

Wiener, Ferdinand: Die Lohgerberei. Wien 1890.

Wood, Joseph Turney: Das Entkälken und Beizen der Felle und Häute. Deutsche Bearbeitung von Josef Jettmar. Braunschweig 1914.

Weitere benützte Werke sind in den Anmerkungen mit dem vollen Titel angeführt.

DAS ALTERTUM.

Die Lederbearbeitung in ihrer primitivsten Form ist sicherlich eines der ersten Gewerbe, das von den Urmenschen ausgeübt wurde. Bevor sie eine Kulturstufe erreichten, die sie zur Herstellung von Textilgeweben befähigte, lag es auf der Hand, daß sie zu Bekleidungszwecken die Felle der erlegten Tiere, deren Fleisch ihre Nahrung bildete, benützten, wie dies noch heute bei Naturvölkern, z. B. den Indianern und den Eskimos, geschieht *). Da die Felle durch eine besondere Behandlung vor Fäulnis geschützt werden mußten, kann schon hier von Gerberei gesprochen werden. Tacitus erwähnt, daß die alten Germanen sich in Felle kleideten, indem sie zugleich die Köpfe der wilden Tiere als Kopfputz verwandten (wovon in den aus der Heraldik bekannten Helmzierden, die oft aus Hörnern und dgl. bestanden, ein Überbleibsel erblickt werden kann).

Die älteste Mitteilung der Benützung von Tierfellen zur Bekleidung findet sich im ersten Buch Mose, Kapitel 3, 21. Es wird hier berichtet, daß der Herr Röcke aus Fellen machte, die er Adam nach ihrer Vertreibung aus dem Paradiese gab. Der Gebrauch lederner Bekleidungsstücke,

---

*) Siehe Fig. 2 und 3. Die Eskimos kauen die Häute zur Entfernung der Fleischteilchen und des Haares, so daß ihre Zähne davon ganz abgestumpft werden. Bei andern Völkern ist dieser Brauch zu keiner Zeit nachzuweisen, vielmehr beweisen Funde aus der jüngsten Steinzeit, daß schon damals Werkzeuge aus Stein und Knochen zu diesem Zwecke im Gebrauch waren.

Schuhe und anderer Gegenstände bei den Israeliten findet sich auch sonst in der Bibel zahlreich belegt. Im I. Buch Mose 21, 14 lesen wir, daß Abraham des

Fig. 2. Indianische Gerberei.
Aus Jörissen, die deutsche Leder- und Lederwaren-Industrie.

morgens früh aufstand und der Hagar, außer Brot, auch mit Wasser gefüllte Schläuche (die nur aus Leder gewesen sein können) auf die Schultern legte. Als der Herr Mose im feurigen Busch erschien (2. Mose 3, 5), gab er ihm den Befehl, seine Schuhe auszuziehen, da er sich an heiliger Stätte befinde. 2. Mose, 12, 11 wird den Juden vorgeschrieben, beim Essen des Osterlammes die Lenden zu umgürten und die Füße mit Schuhen zu bekleiden.

Die Stiftshütte der Juden war u. a. mit rotgefärbtem Bockleder überspannt, welchem dann noch eine Tachaschdecke zum Schutze diente (2. Mose 35, 7. 23, und 36, 19). Luther hat Tachasch mit Dachsfell übersetzt, andere meinen, es sei Seehunds- oder Delphinshaut gewesen. Aus diesem Tachasch wurden überhaupt Schutzdecken, auch Frauenschuhe gearbeitet. Falls die Stiftshütte tatsächlich in der Wüste hergestellt wurde, könnte man in jenen Feinlederarbeiten eine Nachwirkung des Aufenthaltes in Ägypten erkennen; ist sie erst später entstanden, so ist an assyrischen Einfluß zu denken, wobei zu berücksichtigen ist, daß die Schuhe aus Tachasch von Hesekiel (16, 10) erwähnt werden*).

Im fünften Buch Mose 29, 5 lesen wir: „Eure Kleider werden nicht abgenützt und die Schuhe eurer Füße nicht abgetreten."

Dann berichtet das Buch Josua 9, 5, daß, als die Gibeoniten einen Bund mit den Kindern Israels schlossen, sie alte, geflickte Schuhe an den Füßen trugen.

Das gewöhnliche Schuhwerk des Israeliten muß ganz einfach und von geringem Werte gewesen sein, da ein Paar Schuhe gleichsam als der niedrigste Preis genannt wird, um den man eine Sache oder Person verkaufte. Wollte man den Unwert des armen unterdrückten Mannes beweisen, so sagte man, er sei kaum ein Paar

*) S. Riggenbach, die Mosaische Stiftshütte. Basel, 1862, S. 17 ff.

Schuhe wert. Der Prophet Amos schreibt (2, 6): So spricht der Herr: Um drei und vier Laster willen, Israel, will ich ihrer nicht schonen, darum daß sie die Gerechten um Geld und die Armen um ein Paar Schuhe verkaufen; und nochmals (8, 6): Auf daß wir die Armen um Geld und die Dürftigen um ein Paar Schuhe unter uns bringen und Spreu für Korn verkaufen.

Fig. 3. Eskimos beim Enthaaren und Entfleischen der Häute.
Aus der Dänischen Gerberzeitung.

Daß Schuhe jedoch auch schon fein ausgeführt und von den jüdischen Frauen als besonderer Schmuck getragen wurden, wird wiederholt erwähnt. Im dritten Kapitel des Buches Jesaia, wo der Herr ein Gericht über die Eitelkeit der Weiber ankündigt, lesen wir Vers 16 und 18: Darum daß die Töchter Zions stolz sind, ... treten einher und schwänzen, und haben köstliche Schuhe an ihren Füßen .... so wird der Herr den Schmuck an den köstlichen Schuhen wegnehmen. Im Hohenlied (7, 1) singt Salomo: Wie schön ist dein Gang in den Schuhen, o Fürstentochter. Im Buch Judith 16, 11 aber wird gar berichtet: Ihre schönen Schuhe verblendeten ihn, ihre Schönheit fing sein Herz; mit dem Schwerte hieb sie ihm den Kopf ab.

Die Schuhe und Sandalen wurden von den Juden — übrigens auch von andern morgenländischen Völkern — sogar dem Geruche und dem Gehör dienstbar gemacht. Sie wurden mit Myrrhen, Ambra und andern köstlichen Balsamen parfümiert, ferner heftete man Schellen und klingendes Erz an die Sandalen, um bei jedem Schritte einen angenehmen Schall zu verursachen. Ein weiterer Luxus der Juden bestand darin, den Namen oder das Bildnis des Geliebten in Metall graviert unter den Absätzen zu tragen, so daß sich beim Gehen im Sande oder in nasser Erde beständig Abdrücke davon bildeten*). Übrigens wurden die Schuhe der hebräischen Krieger immer mit Metall beschlagen.

Die Apostelgeschichte 9, 43 und 10, 6 erwähnt einen Gerber Simon, der vor den Toren der Stadt wohnte. Es ist anzunehmen, daß dieser Umstand kein zufälliger war, sondern daß die in hygienischen Dingen so peinliche jüdische Gesetzgebung die Ausübung des Gerberberufes wegen des damit verbundenen Geruches innerhalb der Städte nicht erlaubte. Bestimmte Belege für diese Vermutung fehlen mir allerdings**).

---

*) S. Berlepsch, S. 87 n. Martinus Geierus, de Ebraeorum uctu.

**) Die Bibel erwähnt noch vielfach Schuhwerk und damit zusammenhängende Bräuche, außer den schon genannten; so die Übergabe von Schuhen bei gewissen Kaufverträgen (Ruth 4, 7; Ps. 60, 10 und 108, 9 sind damit zu erklären); das Ausziehen der

Im Talmud wird das Gerberhandwerk wiederholt erwähnt und gewürdigt, da es das Schreibmaterial für die Geſetzesrollen uſw. lieſere, aber der Gerber ſelbſt ſtand nicht in gutem Geruche. Im Traktat Beradoth, c. 3, wird vorgeſchrieben, daß man ſich vom Hunde- und Schweinekot beim Gebet ſo weit entfernen müſſe, als der Geruch dieſer zum Beizen des Leders ſchon damals verwendeten Materialien wahrnehmbar ſei. Die Welt kann weder des Gewürzkrämers noch des Gerbers entbehren; wohl dem Gewürzkrämer, aber wehe dem, deſſen Beſchäftigung es iſt, Gerber zu ſein, heißt es im Talmud (Meſſachim 65 a). Das Betreiben der Gerberei durch den Mann konnte unter Umſtänden für die Frau einen Scheidungsgrund bilden *).

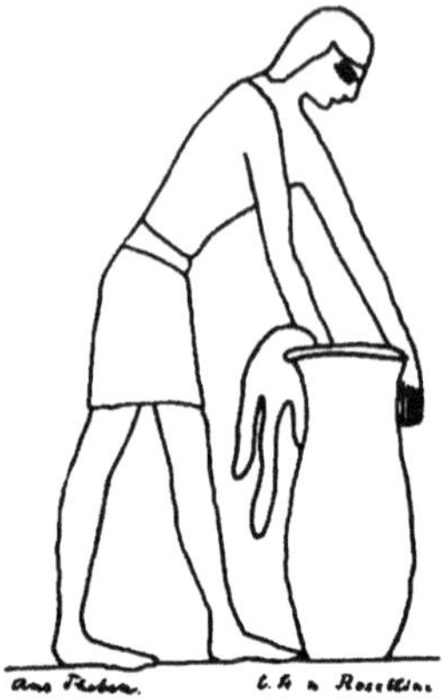

Fig. 4. Ägyptiſcher Gerber beim Weichen.

Die alten Ägypter verfügten infolge ihres großen Viehbeſitzes über einen Reichtum an Häuten, der aus deren mannigfaltiger Verwendung zu Tage tritt. Auch war ihnen das Fell ein ſo wichtiger Teil des Tieres, daß ihre Schrift vierfüßige Säugetiere durch das Bild eines Felles bezeichnete. Beſonders ſchöne, namentlich bunt-

---

Schuhe zum Zeichen der Trauer (2 Samuel, 15, 16, 1 Könige, 21, 27); das Verſagen des Rechtes, Schuhe zu tragen als Strafe und Schmach (Jeſaias 20, 4), während das Tragen ſchöner Schuhe den Mann von Stellung kennzeichnet (Heſekiel 16, 10). Das Ausziehen und Tragen der Schuhe eines andern oder das Auflöſen von deſſen Schuhriemen waren oft angewandte bildliche Redensarten zur Kennzeichnung der Botmäßigkeit oder Unterwürfigkeit.

*) Wood/Jettmar, S. 1, 2.

gefleckte Felle, z. B. die sehr geschätzten des Südpanthers, wurden nicht enthaart, sondern als Pelze von den Vornehmen um die Schultern getragen, sowie zu Schildern und Köchern oder als Decken für Sitze verwendet. Aus weniger wertvollen Häuten von Rindern, Gazellen u. dergl. wurde dagegen Leder hergestellt. Das Gerbverfahren der Ägypter ist nicht bekannt, dagegen sind manche Darstellungen der Verarbeitung der Häute zu Leder erhalten: das Weichen, das Mürbeklopfen durch Steine, das Ausrecken über einem dreibeinigen, hölzernen Bocke, das Färben.

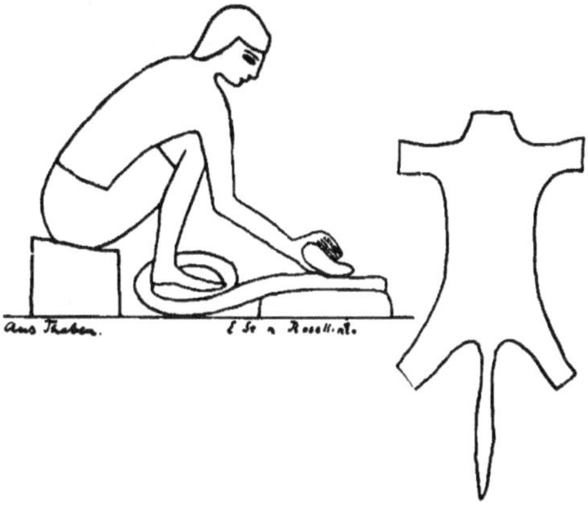

Fig. 5. Ägyptischer Gerber beim Färben oder Glänzen des Leders.

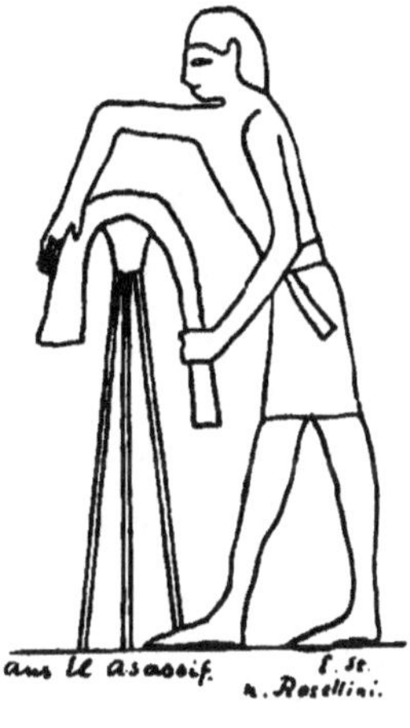

Fig. 6. Ägyptischer Gerber beim Ausrecken des Leders.

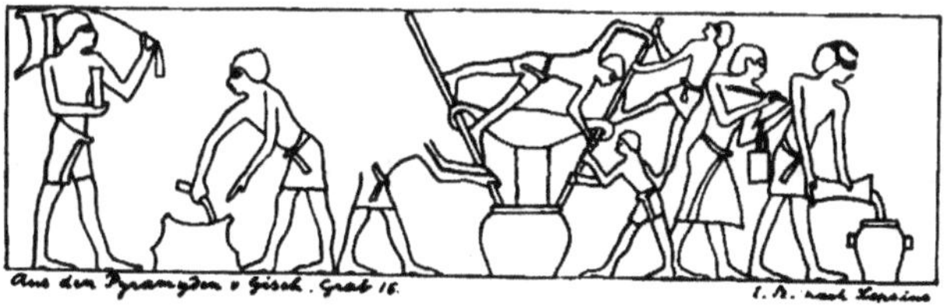

Fig. 7. Ägyptische Gerber bei der Arbeit.

(S. Fig. 4—7). Die in Grabkammern gefundenen ledernen Gegenſtände, die in unſern Muſeen aufbewahrt ſind, zeugen jedenfalls für eine vorzügliche Gerbung: es ſind ſowohl Sandalen aus derbem Unterleder zu ſehen, als ſolche aus feinerem Leder, ſodann Schürzen und Riemen, Lederkiſſen und Polſter, die oft kunſtreich bearbeitet waren. In Bänder aus ganz feinem, gefärbtem Leder wurden Blumen- und andere Ornamente oder die Namen der Könige eingepreßt. Es ſind dies zum Teil ſehr ſchöne Arbeiten. Auch zu Schreibzwecken wurde neben Papyrus ein pergamentartiges, weißes Leder verwendet.

Das Abzeichen der Ägypter durch alle Zeiten hindurch war ein Schurz, der entweder ganz aus Leder war oder aber aus gewebtem, oft gefärbtem Stoffe, der mit Lederſtreifen beſeßt war. Ferner war die eigentümliche Kappe, die eng anſchließend auch den Nacken bedeckte, meiſt aus gefärbtem Leder. Während die ägyptiſchen Koſtüme im allgemeinen eine reiche Entwicklung zeigen und in ihnen auch viel Luxus zu Tage trat, war die Fußbekleidung eine verhältnismäßig einfache. In dieſem Punkte blieb das Volk am längſten dem Naturzuſtande getreu. Zu einer Zeit, wo man ſchon die verſchiedenſten Abſtufungen in den Gewändern und Perücken beobachtete und ängſtlich nach der größten Reinlichkeit ſtrebte, wo Frauen ſchon Fußringe zum Schmucke der Knöchel trugen, ging hoch und niedrig, alt und jung noch faſt immer barfuß, ſelbſt bei der eleganteſten Tracht. Frauen ſcheinen im alten und mittleren Reiche Sandalen noch gar nicht getragen zu haben, vornehme Männer benußten ſie etwa außerhalb des Hauſes, gaben ſie aber für gewöhnlich den ihnen folgenden Sandalenträgern zu halten. Auch im neuen Reiche, wo der Gebrauch von

Schuhwerk etwas häufiger wurde, bürgerte er sich nicht allgemein ein, da man es in Gegenwart Höherstehender nicht tragen durfte *). Die, übrigens nicht nur aus Leder, sondern auch aus Papyrusschilf oder Palmbast hergestellten Sohlen, an denen sich zwei Riemen und in späterer Zeit auch Seitenränder befanden, zeigen im wesentlichen stets die nämliche einfache Form. Nur während der 19. und 20. Dynastie wurden Schnabelsandalen getragen **).

War die Fußbekleidung bei den Ägyptern eine primitive, so zeigt sie sich dagegen bei den Assyriern schon sehr ausgebildet. Auf dem im Britischen Museum befindlichen, eine Belagerung darstellenden Relief aus der Zeit der Senacherib, sowie auf demjenigen im Louvre mit assyrischen Wagenkämpfern und Bogenschüßen und noch auf vielen andern kann man deutlich hohe Schnürstiefel erkennen. Auch die Schilde und Helme der Assyrier waren aus Leder, jedoch mit Metall beschlagen. Ihre Rosse hatten sehr reiche Ledergeschirre, was auf dem erwähnten Relief im Louvre ebenfalls zu sehen ist. Also muß die Gerberei hier schon auf einer hohen Stufe gestanden haben.

Auch bei den Phönikern, den Völkern Syriens (unter den hethitischen Hieroglyphen befinden sich Darstellungen von Schuhen), den Persern, Indiern und den Skythen der Krim, endlich bei den Griechen, Etruskern und Römern wurde das Leder zu Schuhwerk, Helmen, Panzern und Pferdegeschirr verwendet. Perser und Indier zeichneten ihre Vornehmen dadurch

*) Es finden sich Darstellungen von Fürsten vor dem Könige ohne Sandalen, während er selbst solche trägt. S. Abb. b. Lepsius: Denkmäler aus Ägypten und Äthyopien III, 76b, 77c.

**) S. Ermann, S. 286, 311, 398.

aus, daß sie, je höher ihr Rang war, um so mehr Farben an ihren Schuhen tragen durften, die überdies mit Gold und Edelsteinen besetzt wurden.

Aus den griechischen Klassikern läßt sich eine kleine Blütenlese von auf die Lederbearbeitung bezüglichen Stellen machen. Durch Homer ist bekannt, daß sich Helden in die Felle von Raubtieren zu hüllen liebten. So heißt es im zehnten Gesang der Ilias von Agamemnon (v. 23 ff.):

Unter die glänzenden Füß' auch band er sich
stattliche Sohlen;
Warf dann das blutige Fell des gewaltigen Leun
um die Schultern,
Falb und groß, das die Knöchel erreicht'.

Und von Menelaos:

Nun ein Pardelvließ um den breiten Rücken sich hüllt er
Zottig und buntgefleckt.

Die Bezeichnung „blutiges Fell“ dürfte als poetische Lizenz aufzufassen sein; die Helden werden wohl durch geeignete Präparierung dafür gesorgt haben, daß ihre Kriegsmäntel nicht faulten. In der Folge betrachteten aber die Griechen das Tragen von Pelzen als barbarisch und auch bei den Römern war dies nur die Tracht armer Leute, z. B. der Hirten, bis in späteren Zeiten Pelze durch den Einfluß der eroberten nordischen Länder in Rom Mode wurden.

Homer erwähnt auch schon verschiedentlich enthaartes und gegerbtes Leder. Im vierzehnten Gesang der Odyssee (v. 22) wird vom Sauhirten Eumäos berichtet:

Jetzo zerschnitt er des Stiers schönfarbiges Leder, und
fügte Sohlen um seine Füße.

Im ſiebenten Geſang der Ilias (v. 219 ff.) beſchreibt Homer den berühmten Schild des Ajas:

Ajas nahte heran, und trug den türmenden Schild vor,
Ehern und ſiebenhäutig, den Tychios klug ihm vollendet,
Hoch berühmt in des Leders Bereitungen, wohnend in Hyle;
Dieſer ſchuf ihm den regſamen Schild aus ſieben Häuten
Feiſtgenährter Stier', und umzog zum achten mit Erz ſie.

Dieſer Tychios in Hyle dürfte wohl der älteſte Lederarbeiter ſein, deſſen Name auf uns gekommen iſt. Auch Plinius *) berichtet von ihm (Tychios aus Böotien) und hält ihn ſogar für den Erfinder der Lohgerberei.

Intereſſant iſt die Stelle im ſiebzehnten Geſang der Ilias (v. 389 ff.), in welcher der Kampf der Griechen und Trojaner um den Leichnam des Patroklos geſchildert wird:

Wie wenn ein Mann die Haut des gewaltigen Stiers von der Herde
Auszudehnen den Seinigen gab, mit Fette getränket;
Sie nun nehmen die Haut, und ziehn, auseinander ſich ſtellend,
Rings, daß bald die Näſſe verſchwand, und die Fettigkeit eindringt,
Wann ſo viel ausrecken, und ganz umher ſie gedehnt wird.

Alſo die Knechte recken die mit Fett beſtrichene Stierhaut durch Ziehen auseinander, damit dieſes in die Poren eindringe. Wir haben es demnach hier mit einer Art unausgebildeter Sämiſchgerberei zu tun.

Artemidorus **) beſpricht das Leder und ſeine Nützlichkeit; er ſagt dann, daß die Griechen zum Gerben

*) N. Hiſt. Lib. VII.

**) Onerve I.

Alaun, ſowie die Blätter des ſogenannten Gerbebaumes (wohl eine Art Sumach oder Viſet) verwendeten.

Die Stadt Damaskus war ſeit dem früheſten Altertum bis ins Mittelalter hinein wegen ihrer feinen Sattlerarbeiten bekannt.

Nur erwähnen wollen wir in dieſem Zuſammenhange den uralten Gebrauch des Leders zu Schreibzwecken bei den aſiatiſchen Völkern und die Bereitung des Pergaments. Die von den Mauren in Spanien eingeführten Arten der Technik in der künſtleriſchen Bearbeitung des Leders ſind gleich wie die noch heutzutage in Perſien, der Türkei etc. gebräuchlichen, als urſprünglich orientaliſch zu betrachten. Die alten Perſer trugen ganze Kleider aus Leder und ſafranfarbige Schuhe, ſo daß in den gelben Pantoffeln der Türken eine uralte Sitte fortlebt *).

Bevor wir die öſtlichen Völker verlaſſen, um uns den Römern zuzuwenden, ſei der Vollſtändigkeit halber noch erwähnt, daß, wie auf ſo vielen andern Gebieten, ſo auch in der Gerberei, die Chineſen die Priorität beanſpruchen und in ihr ſeit urvordenklichen Zeiten bereits Brauchbares geleiſtet haben wollen.

Über römiſche Lederverarbeitung ſind wir noch ſehr gut orientiert, da manche intereſſante Funde gemacht worden ſind, die auch von der guten Qualität der Gerbung den beſten Begriff geben **).

---

*) S. Bucher S. 195. Solche gelbe Pantoffeln, Perſiken genannt, waren auch ſchon den alten Griechen bekannt, wurden aber bei ihnen nur von Kurtiſanen getragen (Nitſch, Beſchreibung des Zuſtandes der Griechen I, S. 604).

**) Eine größere Anzahl von Abbildungen davon befinden ſich bei Jöriſſen S. 8—13.

In den römischen Zünften, die, seinem Biographen Plutarch zufolge, König Numa Pompilius gründete, werden bereits Coriariores (Gerber) und Sutores (Schuhmacher, eigentlich Sohlenmacher) getrennt genannt, während in unsern Ländern noch anderthalb Jahrtausend später die beiden Berufsarten vereinigt waren. Wir sehen auf einem Wandgemälde in Herculanum das Innere einer Schuhmacherwerkstatt, wo zwei Putten arbeiten. Mit Schuhen wurde großer Aufwand getrieben. Sie bestanden für Männer meistens aus schwarzem, dann aus naturfarbigem oder rotem*), für Frauen gewöhnlich aus weißem**), oft aber auch aus rotem, scharlach- oder purpurfarbenem Leder***), je nach den verschiedenen Ständen anders geformt und ausgestattet. Auch wechselten sie nach der Mode, waren mit oder ohne Schnürriemen, für Frauen mit Stickerei, Perlen und Edelsteinen †) besetzt. Die späteren Kaiser hatten parthische Stiefel von rotem Leder, die bis zum Knie reichten.

Es wurden von den Römern ferner aus Leder Panzer, Sättel, Pferdegeschirre, Gürtel, Decken, Zelte, Flaschen und Flaschenfutterale verfertigt ††). Kein Wunder also, daß das Gerberhandwerk, das oft mit Hilfe von Sklaven ausgeübt wurde, in Blüte stand und seinen Mann nährte. Martial (3. 16. 59) machte bald nach Untergang der römischen Republik eine Anzahl beißender Sinngedichte auf die Gerber und Schuster, die so

---

*) Martial 11, 29, 8, Div Cassius 43, 43 Plauti Bachides II, 3, Seneca II, 12.

**) Ovidii Ars Amandi III, 271.

***) Persius V, 169. Virgilii eclog. VII, 32; Aeneis I, 341.

†) Adams Römische Altertümer, S. 766 n. Plinius X, 35. s. 56.

††) S. Marquardt, Privatleben der Römer, S. 593 und 739.

reich geworden waren, daß sie Fechterspiele, besonders in ihren Geburtsorten, meist kleineren Städten Italiens, veranstalten konnten *).

Plinius der Ältere gibt als Färbemittel für Leder an: Lotosrinde, Krapp, Scharlach, Kupfervitriol. Es wurde auch persisches und babylonisches, gefärbtes, vielleicht bemaltes Leder nach Rom eingeführt, und dieses genoß augenscheinlich den Vorzug vor dem einheimischen Fabrikat **).

Obwohl die primitivste Art der Gerbung, wie oben schon erwähnt, eine Art Fettgerbung war, haben manche der genannten Völker bereits lange Zeit vor Beginn unserer Zeitrechnung schon mit pflanzlichen Gerbstoffen gearbeitet. Die Römer erzielten eine Enthaarung des Leders durch Urin und Maulbeerblätter, auch mit Hilfe der Frucht der Zaunrübe. Als Gerbmaterialien waren Kiefer-, Erlen- und Granatbaumrinde, Galläpfel, Sumach, Eicheln, bei den Ägyptern die Schoten einer Akazie gebräuchlich; doch benutzte man auch Alaun mit Salz. Alaungegerbtes Leder hieß Aluta, der Weißgerber Alutarius.

Im allgemeinen kann man sagen, und dies gilt bis zur neueren Zeit, daß das Gerben mit Galläpfeln als die Methode des Orients, das Gerben mit Eichenlohe als die des Abendlandes und das Gerben mit Alaun recht eigentlich als die der Sarazenen gelten darf.

---

*) S. Berlepsch, S. 12.
**) S. Bucher, S. 196.

Fig. 8. Nürnberger Irher (Weißgerber) von 1504.

Aus dem Buche der Mendelſchen Zwölfbrüderſtiftung im Stadtarchiv zu Nürnberg.

DAS MITTELALTER.

DIE GERBERINNUNGEN.

Bis zum 6. Jahrhundert wiſſen wir über das Gerberhandwerk in unſern Ländern nichts. Es iſt mit Sicherheit anzunehmen, daß die Römer, bei denen es, wie wir geſehen haben, in Blüte ſtand, es auch in ihren Niederlaſſungen diesſeits der Alpen ausgeübt haben. Allein nach der Völkerwanderung, die alles aus der beſtehenden Ordnung gebracht hatte, ſank die geſamte wirtſchaftliche Kultur auf eine niedrige Stufe zurück. Handel und Gewerbe waren lahmgelegt, und die bäuerlichen Gewohnheiten der neuen Einwohner hoben das bisherige Übergewicht der Städte über das platte Land auf, denn wo immer die eingewanderten Germanenſtämme eine römiſche Anſiedelung eroberten, bauten ſie innerhalb der verfallenen Stadtmauern ihre Bauernhöfe mit Weinpflanzungen und Gärten an. Dadurch wurden Städte wie Straßburg, Speyer, Worms, Trier, Köln, Augsburg und Regensburg zu bäuerlichen Niederlaſſungen, die ſich, außer im Umfange ihrer alten Mauern oder etwa in ihrer Bedeutung als Marktorte, von Dörfern kaum unterſchieden, am wenigſten durch ihre Verfaſſung oder durch die Beſchäftigung ihrer Bewohner.

Zum erſten Male findet ſich das Gerberhandwerk gegen Ende des 6. Jahrhunderts im burgundiſchen Recht erwähnt*) und dann erſt wieder im berühmten Geſetze

*) Lex. Burgund. Tit. XXXI, § 2; bei Georgiſch, S. 356.

Karls des Großen: Von den Kapiteln über die Einrichtungen auf den Meiereien (Capitulare de villis). Der überragende Geist des Frankenherrschers wußte durch seine Förderung von Kunst und Wissenschaft, Handel und Gewerbe eigentlich als erster den freien Mann in deutschen Gauen zur Ausübung eines Handwerks zu bestimmen, denn bisher hatte dieser nach altgermanischer Art jegliche Beschäftigung außer Krieg und Jagd als seiner unwürdig verschmäht und sie Leibeigenen übertragen. Im 44. Kapitel des genannten Gesetzes*) wird den Hofmeiern anbefohlen, tüchtige Handwerker, worunter ausdrücklich die Lederer erwähnt werden, zu halten. Das Gerber- und Schusterhandwerk war damals meist noch in einer Hand und recht eigentlich ein häusliches Gewerbe. Diese Handwerker auf den Meiereien arbeiteten im Auftrage ihrer Herren. Weltliche und geistliche Fürsten umgaben sich mit tauglichen Leuten, und so entstanden nach und nach größere, nicht mehr rein bäuerliche Ortschaften. Den seit der Vertreibung der Römer in unsern Ländern gänzlich abhanden gekommenen Begriff von Städten erhielten diese aber erst, als sie sich zur Abwehr der Einfälle der Ungarn und anderer Feinde befestigten**).

Die ersten Städtebewohner waren nur zum kleinen Teil freie Männer, die Bürger genannt wurden; die übrigen Einwohner, worunter sich die meisten Handwerker befanden, waren Leibeigene, die erst langsam durch Privilegien und Gnadenbriefe der Kaiser gleichfalls Bürger wurden. Diese damit erzielte Gleichberechtigung der neuen Bürger mit

---

*) Bruns, Beiträge zu den deutschen Rechten des Mittelalters etc. Helmstedt 1799. S. 28.

**) S. hierüber näheres bei Berlepsch, Deutsches Städtewesen und Bürgertum, St. Gallen, S. 18 ff.

Sandstein-
Skulpturen
am Gewölbe
der Gerber-
kapelle im
Münster zu
Bern
NORD
OST
WEST
SÜD
1836
Originalaufnahme
v. Arch. Brunnschweiler
in Bern.
April 1914.

Fig. 9.

den alten, die in der Folge Geschlechter oder Patrizier genannt wurden, war die Ursache mannigfacher Kämpfe und Streitigkeiten, die während Jahrhunderten den inneren Frieden der Städte zunichte machten. Die Altbürger wollten die Neubürger und Handwerker an der Stadtregierung nicht teilnehmen lassen, und diese organisierten sich zur Wahrung ihrer gemeinsamen sowie der besonderen Standes- und Berufsinteressen nach dem Muster italienischer Städte zu Korporationen, die sich Zünfte, Innungen oder Gilden nannten und es mit der Zeit zu Ansehen und Macht brachten.

Fig. 10. Siegel der Gerber- und Schuhmacherzunft in Berlin (1442). Aus Mummenhoff.

Auf diese Weise kam auch in das Gewerbe der Gerber eine Organisation, so 938 in Gent, 982 in Straßburg, 1104 in Namür, 1134 in Quedlinburg, 1150 in Magdeburg, 1233 in Worms usw. In den einen Städten sind Gerber (eigentlich Garmacher; denn der Stamm des Wortes ist g a r, althochdeutsch heißt gerben garawen, mittelhochdeutsch gerewen, gerwen*), Kürschner (Kürsenaere, Körsner, von Kürsen, Pelzmantel) Kurdiwäner (Schuhmacher, genannt nach der Stadt Cor-

*) Gerben heißt in der allgemeinen Bedeutung des Wortes bereiten, zurechtmachen, rüsten. Sich gerwen sagte man für sich ausrüsten, kleiden, wovon im älteren Niederhochdeutschen einiges geblieben ist. So in Waldis' Esop 3, 25: „Was sich thut im leben gerben, das musz allsam des Todes sterben". Bei Metallarbeitern hieß gerben Metall polieren; Kupferstecher gerbten eine Kupferplatte; in Stahlhütten wird Stahl gegerbt, indem man ihn durch Glühen zu reinem Stahl ausarbeitet; Müller sprachen von Korn, Spelt, Dinkel gerben für aus den Hülsen lösen. S. Grimm 4, I. S. 3587 ff., Heyne's Wörterbuch, Brockhaus, Enzyklopädie.

dova in Spanien, deren Fabrikate sich durch besondere Feinheit auszeichneten; noch heute sagt der Franzose Cordonnier), Riemer, Sattler, Taschner usw. vereinigt, bald schon gesondert. Berühmt war das lohgare Leder von Lüttich und die Zunft der Rotgerber dieser Stadt, die in der wahrscheinlich 1418 aufgestellten Reihe der „bons métiers", d. h. der mit Privilegien ausgestatteten 32 Zünfte die 29. Stelle einnahm und auch die Lederzurichter, Sattler, Riemer, Buchbinder, Sämischgerber und Pergamentmacher umfaßte. Die Kürschner hatten sich schon vor dem 15. Jahrhundert von den Gerbern getrennt*).

Durch das Selbständig- und Freiwerden der Handwerker kam in die Werkstätte ein neues, bisher unbekanntes Verhältnis, dasjenige der Gelernten oder Arbeitgeber, der Meister, zu den Lernenden oder Arbeitnehmern. Diese zerfielen in solche, die ausgelernt hatten, ohne jedoch selbständig zu sein, die Gesellen, und andere, die noch lernen mußten, die Lehrlinge.

Die Aufnahme in die Gerberzunft, als in eine geachtete und fast überall ratsfähige Innung**) war unbedingt von der ehrlichen Geburt des Lehrlingskandidaten abhängig, und zwar galten als unehrlich geboren keineswegs nur uneheliche Kinder oder Findlinge, sondern meistens auch in rechtmäßiger Ehe erzeugte Kinder von Turm- und Feldhütern, Stadtknechten, Totengräbern, Nachtwächtern, Schäfern, Barbieren, Müllern, Zollbeamten, Stadtpfeifern, Abdeckern und Scharfrichtern. In

*) S. Bucher S. 196.

**) Nur in einem einzigen mir bekannten Falle werden die Gerber recht despektierlich erwähnt: im amtlichen Verzeichnis der 1419 in Prag niedergelassenen 162 Lederer werden diese einfach als „Stänker" (smardari) angeführt (13. 13. Tomck, Geschichte der Stadt Prag, 1871, 2. Bd., S. 373, Wood-Jettmar, S. 2).

Fig. 11. **Zunftszene,** Handzeichnung von Hans Holbein d. J.
In amerikanischem Privatbesitze.

späteren Jahrhunderten suchten zwar mancherlei Gesetze mit diesen Vorurteilen aufzuräumen, jedoch gelang dies nur sehr langsam; es mag dem modernen Menschen kaum faßlich klingen, daß auf diese Weise durchaus ehrenwerten Söhnen ebenso ehrenwerter Eltern der Eintritt in die meisten Handwerke grundsätzlich verschlossen war*). Über die Lehrzeit und Wanderzeit der Gesellen sowie die Anfertigung von Gesellen- und Meisterstücken bestanden genaue Vorschriften. Die Lehrzeit war im allgemeinen auf drei Jahre, die Wanderzeit der Gesellen auf drei, waren diese Meistersöhne, auf zwei Jahre festgesetzt. Gesellen und Lehrlinge lebten meist beim Meister und gehörten mit zu dessen Haushaltung. Bis sie in einer Stadt Arbeit fanden oder falls sie solche am Orte nicht suchten, wohnten sie in besonderen Herbergen, die jedes Handwerk für sich oder mehrere gemeinschaftlich besaßen und wo die Meister, welche Gesellen suchten, sich vormerken ließen. Der Herbergsvater oder Ortsgeselle führte dann die Arbeitsuchenden den Meistern zu, wobei es mancherorts zu seinen Obliegenheiten gehört haben soll, den Gesellen als recht liederlich hinzustellen, um so dem Meister Gelegenheit zu geben, ihn mit der Hausordnung bekannt zu machen und wohl auch, um seine Ansprüche niedrig zu halten (?) **).

---

*) Dagegen gab es, namentlich an kleineren Gerberorten, Familien, die dem Handwerke Jahrhunderte hindurch treu blieben. Solche Gerberdynastien waren z. B. in Butzbach die Familien Grüninger, Küchel und Rübsamen. 1777 gab es unter den 23 Gerbermeistern dieser Stadt nicht weniger als 13 Grüninger, 3 Küchel und 3 Rübsamen.

**) S. Berlepsch S. 75. In Arnstadt führte der Ortsgeselle, der den Zugewanderten zum Meister brachte, ihn angeblich mit folgender „scherzhaften“ Anrede ein: „Nun, Meister, da bring ich Euch den Gesellen; er schläft gern lange, ißt gern früh Suppe, macht

Fand ein Geselle an einem Orte keine Arbeit, dann gewährte ihm die Zunft einen Zehrpfennig; daß hiervon

Der Låderer.

Die Heuwt die henck ich in den Bach/
Werff sie in den Escher darnach /
Dergleich die Kalbfel auch also/
Darnach wirff ich sie in das Loh/
Da sie jr ruhe ein zeit erlangn/
Darnach henck ichs auff an die Stangn/
Wůsch darnach ab mit eim Harwůsch/
Vnd habs feyl auff dem Leder Tisch.

Fig. 12. Holzschnitt von Jost Ammann, Text von Hans Sachs.
Aus „Beschreibung aller Stände". Frankfurt 1568.

---

gern kleine Tagwerk, nimmt gern großen Wochenlohn und schläft gern bei der Magd. Ich wünsche Euch Glück, Meister, zu einem so fleißigen Gesellen!"

ein ausgiebiger Gebrauch gemacht wurde, ist einleuchtend. So enthalten die Abrechnungen der Zunftmeister der

Der Permennter.

Ich kauff Schaffell/Böck/vñ die Geiß/
Die Fell leg ich denn in die beyß/
Darnach firm ich sie sauber rein/
Spann auff die Ram jeds Fell allein/
Schabs darnach/mach Permennt darauß/
Mit grosser arbeit in mein Hauß/
Auß ohrn vnd klauwen seud ich Leim/
Das alles verkauff ich daheim.

Fig. 13. Holzschnitt von Jost Ammann, Text von Hans Sachs. Aus „Beschreibung aller Stände". Frankfurt 1568.

Butzbacher Gerberinnung jedesmal eine große Zahl von Unterstützungen zu je 7 Kreuzern, nämlich 108 bis 283 Fälle im Vierteljahr, für die kleine Zunft jedenfalls kein unerhebliches Opfer. Weitere Sitten und Gebräuche, die mit dem Wandern der Gesellen im Zusammenhange stehen, zu untersuchen und auch ihrem Vorkommen im Volksliede zu folgen, würde, so reizvoll es wäre, zu sehr aus dem Rahmen dieser Arbeit fallen.

Die Zünfte ordneten in jeder Weise die Verhältnisse des Handwerks. In jährlichen Meisterversammlungen, die oft am Bartholomäus- oder Crispintage stattfanden, wurden bei geöffneter Innungslade*) die Zunftvorsteher gewählt und der Zunft Ordnungen und Gesetze verliehen, die allerdings in Fällen, wo ihre Wirkung sich auch außerhalb der Zunft zeigen konnte, eine obrigkeitliche Bestätigung erhalten mußten. Die Meisterversammlung bildete ferner einen Gerichtshof, welcher die Streitigkeiten der Mitglieder untereinander in erster Instanz zu entscheiden hatte. Auch hatte sie bedeutende gewerbepolizeiliche Befugnisse und ahndete streng jeden Verstoß gegen das Wohlergehen und Gedeihen, die Ehre und den guten Ruf des Handwerks**). Bei Zuwiderhandlungen

---

*) Die Zunftladen waren entweder aus Holz — in diesem Falle oft mit Eisenblech beschlagen — oder ganz aus Eisen und enthielten alle der Zunft gehörenden Schriftstücke. Sie hatten meist mehrere Schlösser, zu denen sich die Schlüssel in verschiedenen Händen befanden. Einer davon wurde manchenorts der Stadtobrigkeit zur Aufbewahrung übergeben und bei Bedarf durch einen Ausschuß von Meistern abgeholt. Die Innungslade spielte in den Meisterversammlungen eine große Rolle; sobald sie geöffnet war, mußte ein bestimmtes Zeremoniell beobachtet werden. Die Fig. 17 abgebildete schöne Truhe aus dem Anfang des 18. Jahrhunderts ist in Nußbaumholz ausgeführt und von eingelegter Arbeit.

**) Es wird weiter unten dargelegt werden, wie streng die Befugnisse des Handwerks gefaßt waren. Geldstrafen wurden aber auch ausgesprochen bei ungebührlichem Betragen (namentlich Beschimpfen eines Mitmeisters) während geöffneter Zunftlade oder für nach unsern Begriffen recht harmlose Vergehen. So wurde 1777 ein Butzbacher Gerber um 1/4 Taler gebüßt, weil er zum Begegen die Zunftordnung wurden Bußen ausgesprochen, die ursprünglich in der Abgabe von Naturalien bestanden, z. B. in Wachs, das die Innung für ihre kirchlichen Aufgaben benötigte *), später nur noch in Geld. Eine empfindlichere Strafe, wohl die höchste, welche die Zunft zu verhängen hatte, war das Sperren des Gerbhauses und die Wegnahme der Werkzeuge, das sogenannte Handwerklegen, mit dem meistens das „Schelten", die Unehrlichkeitserklärung, verbunden war. Das Handwerklegen und Schelten konnte z. B. gegen den erfolgen, der sich von den Kunden eines andern Meisters wider die Ordnung Arbeit verschafft hatte, ohne sich vergewissert zu haben, ob dieser auch bezahlt worden war (ein entsprechendes Gesetz würde heute vor vielen Verlusten bewahren!) oder gegen den, der seinem Mitmeister ordnungswidrig einen Gesellen weggenommen oder die Arbeit eines andern Meisters heimlich schlecht gemacht hatte. Einem Weißgerber in Pößneck wurde das Handwerk gelegt, weil er eine Menschenhaut gegerbt hatte, einem Lohgerber der gleichen Stadt, weil er seine Leder auf den Wagen des Abdeckers aufgeladen und mit diesem gleich dem Henker, den Jüngerinnen der Venus vulgivaga und, wie wir oben gesehen haben, auch vielen nach

---

gräbnis eines Zunftgenossen „erst am Marckt unter die Leiche kommen ist." Gerechtfertigter ist eine 1795 ausgesprochene Strafe gegen einen Schlauberger unter den Gerbern der nämlichen Stadt, der in der Gumbacher Lohmühle, welche der Zunft gehörte, nachts heimlich Lohe gemahlen hatte.

*) S. Kurt, S. 45. Diese wertvolle Monographie enthält viele Angaben über die ostthüringischen Gerberorte. Es wäre gewiß eine dankbare Aufgabe, über andere Gegenden, in welchen die Gerberei ebenfalls vorherrschend war, ähnliche Arbeiten zu veröffentlichen, die alsdann in ihrer Gesamtheit ein reiches Quellenwerk bilden würden.

heutigen Begriffen durchaus nicht anrüchigen Berufsarten als unehrlich betrachteten Menschen sogar zusammen gefahren war *).

Die eigentliche Technik des Gerbens wurde von der Zunft nicht geregelt; dagegen findet sich mehrfach eine eigentümliche Bestimmung, laut deren allein dem Meister das Einstoßen der Leder in die Lohkufen vergönnt war. Da diese Arbeit keine besondere Sorgfalt oder Sachkenntnis erforderte, kann diese Bestimmung symbolisch gedeutet werden, indem durch die Arbeit des Einbringens der Häute in die Lohe der Meister gewissermaßen als Leiter der Produktion charakterisiert werden sollte **). Das Gerben von Hundefellen war verboten, da Hunde als unrein galten.

Fig. 14. Der Zunftvorsteher der Gerber in Bologna in seiner Amtstracht.

Kol. Kupferstich in der Bibliothek des Königl. Kunstgewerbemuseums in Berlin.

Es wurde streng darauf geachtet, daß das fertige Leder einwandfrei sei, damit der Ruf des Handwerkes oder der betreffenden Handelsstadt nicht geschädigt werde; in fast allen Städten war die Lederschau gesetzlich geregelt und in manchen hatten verpflichtete Schauer die Ware zu begutachten, bevor sie zum Verkaufe gelangte. Namentlich an die Beschaffenheit des Sohlleders wurden

*) S. Kurt, S. 74.

**) S. Kurt, S. 66.

große Anſprüche geſtellt und in Gera 1572 ſogar verboten, Kuhleder dazu zu verwenden *).

In Frankfurt, wo, wie auch in Leipzig, im Gegenſatze zur Mehrzahl der andern Städte der Verkauf auswärtigen Leders nicht verboten war — das Intereſſe an der Meſſe überwog beim Magiſtrate die Fürſorge für das Handwerk der Stadt — mußte alles einheimiſche oder fremde Sohl- und Brandſohlleder den vier Geſchworenen, ſo hießen hier die Zunftvorgeſetzten, vorgelegt werden. Dieſe prüften es, ob es „Kaufmannsgut“, nämlich trocken und gar bereitet ſei, und ſtempelten es, falls ſie es für gut befanden, mit vier Hämmern, in die der Frankfurter Adler eingraviert war. Wer ſich um dieſe Lederſchau drückte, wurde „auf der Recheney dapffer geſtrafft“. Auch gingen die Geſchworenen jedes Vierteljahr beim Handwerk um und kontrollierten die Arbeit bei den einzelnen Meiſtern, was Fronfaſten genannt wurde **). In der „Freiheit des Gerberhandwerks allhie“, einem Berner Statut von 1666 ***), findet ſich die Beſtimmung, daß kein Leder feilgeboten oder den Kunden verabfolgt werden durfte, das nicht zuvor von den beſtellten Schauern für gut erkannt und gezeichnet worden war, das „weißgutſchete“ mit einem dreifachen, das „braungutſchete“ mit einem zweifachen, und das „gelauwebe“ (wahrſcheinlich alaungares, lohgares und ſämiſchgares

Fig. 15. Wappen der Gerber und Kürſchner in Bologna. Aus einem Manuſkript in der Bibliothek des Königl. Kunſtgewerbemuſeums in Berlin.

*) S. Kurt, S. 67.
**) S. Berlepſch, S. 54.
***) S. Berner Taſchenbuch 1863, S. 33, 34.

Leder) mit einem einfachen Zeichen, unter Bezug eines Kreuzers für jede große Haut oder für 6 Kalb- oder 12 Schaffelle. Für „unwährschaft“ erfundene Häute wurde je 1 ℔ Buße erhoben, ebensoviel für je 6 Kalb- oder 12 Schaffelle. Kamen solche unwährschafte Felle, ohne daß sie verbessert und nachträglich gezeichnet wurden, zum Verkauf, so wurden sie konfisziert, und der Fehlbare hatte dem Kunden den Schaden zu ersetzen.

Fig. 15. Gerberszene (ca. 1580).
Nach einem Scheibenriß des Daniel Lindtmeyer von Schaffhausen, der 7 derartige Genrebilder enthält, im Großherzogl. Kupferstichkabinett zu Karlsruhe.

Ähnliche Verordnungen, welche die Lederschau genau regelten, wurden überall erlassen.

Die Zunft suchte mit allen Mitteln den Übergang des Gerberhandwerkes zum Großbetrieb zu verhindern, damit kein Gewerbsgenosse auf Kosten schwächerer seine Produktion zu sehr ausdehne; z. B. war die Anstellung von Taglöhnern verboten, die Anzahl der Gesellen, die gehalten werden durften, auf einen bis drei beschränkt,

Fig. 17. Zunftlade aus Butzbach.
Im Besitze des Herrn Dir. Karl Küchel in Worms.

und es durfte nicht mehr als ein Lehrling auf einmal da ſein, ja, hatte dieſer ausgelernt, dann mußte oft eine mehrjährige Pauſe eintreten, bis ein neuer aufgenommen werden durfte. In Butzbach durfte ein neu eingeſeſſener Meiſter überhaupt erſt nach fünf Jahren einen Lehrling annehmen; nach deſſen Austritt mußte wieder eine fünfjährige Pauſe eintreten*). Oder die Einſchränkung des Betriebes war in der Weiſe geregelt, daß keinem Meiſter geſtattet wurde, mehr als eine gewiſſe Zahl Äſcher zu haben.

Selbſt in Bern, wo die Gerberzünfte, wie weiter unten ausgeführt, eine geradezu glänzende Rolle ſpielten und großen Einfluß auf die Regierung hatten, durfte, einem alten Brauche, der in der Gerberordnung von 1592 beſtätigt wird, zufolge, kein Meiſter jährlich mehr als 2500 Schaf- und 400 Ziegenfelle gerben, bei einer unnachlaßbaren Buße von 10 ℔ für jedes Hundert mehr. Sonderbarerweiſe iſt die zuläſſige Anzahl von Rindshäuten und Kalbfellen nicht angegeben, ſo daß für die Einſchränkung der Anzahl Ziegen- und Schaffelle, die verarbeitet werden durften, doch auch andere naheliegende Gründe als ein künſtliches Darniederhalten der Geſamtproduktion maßgebend geweſen ſein können. In der gleichen Gerberordnung wird den Gerbern ſogar erlaubt, „einen zu ihm zu nehmen“, d. h. ſich zu aſſozieren, allerdings nur einen einheimiſchen Meiſter desſelben Handwerks, nicht etwa einen „Gemeinen“, d. h. einen Nichtgerber.

---

*) S. Zunftbrief von 1732, § 11. Im gleichen Zunftbrief (§ 12) findet ſich die Beſtimmung, daß nach dem Tode eines Gerbermeiſters die Witwe das Recht hatte, einen Geſellen aus irgend einer andern Werkſtatt heranzuziehen, was den Meiſtern, wie wir weiter oben ſahen, ſtreng verboten war.

Der Gerber betrieb sein Handwerk oft nur im Winter; im Sommer, wenn die subtile Arbeit des Schwitzens, wobei der Fäulnisprozeß bei der geringsten Unvorsichtigkeit die Häute zerstören konnte *), zu gewagt erschien, besorgte der Gerber die vielfach mit seinem Berufe verbundene Landwirtschaft. Hautabfälle, Haare und alte Lohe, die in seinem Betriebe abfielen, gaben ihm ein vorzügliches Düngemittel. Kein Meister durfte sich durch Verwendung von be-

Fig. 18. Gerber bei der Arbeit.
Holzschnitt aus dem Ende des 16. Jahrhunderts im Germanischen Museum in Nürnberg.

*) S. Kurt, S. 68.

sonderem Handwerkszeug oder vorteilhafteren Einrichtungen vor den andern einen Vorsprung verschaffen. Hatte irgend ein Meister eine Vorrichtung erfunden, die eine größere Arbeitsleistung ermöglichte, dann schritt das Handwerk ganz sicher gegen ihn ein, sobald er sich ihrer bediente.*) Man kann sich denken, wie lähmend gerade diese Bestimmung auf jegliche Initiative wirken mußte und wie sie, obwohl eine Gleichstellung sämtlicher Meister fördernd, das Handwerk selbst schwer schädigte. Auch im Bezuge der Gerbstoffe mußte ein jeder auf seine Mitmeister Rücksicht nehmen. Der Butzbacher Zunftbrief von 1732 bestimmt: „Soll ein Meister, wenn etliche Karch Loh auf den Marckt zum Verkauff kommen, und andere Mitmeister Theil daran haben wollen, solches nicht allein kauffen, auch nicht vor das Thor hinaus entgegen gehen, sondern es auff öffentlichen Marckt fahren lassen, bey Straff eines Rthllrs., halb Uns (näml. dem Landgrafen von Hessen), und halb der Zunfft".

Endlich wurde eifersüchtig darüber gewacht, daß kein Handwerker dem andern in sein Arbeitsfeld greife. Ein Rotgerber durfte das Weiß- und Sämischgerben nicht betreiben, und umgekehrt. Den Sämischgerbern lag auch die Herstellung und das Reinigen der sämischgaren Kleidungsstücke ob, und den Schneidern und Beutlern war strenge untersagt, ihnen hierin ins Handwerk zu pfuschen. In einem sehr alten Augsburger Stadtrecht (aus dem Jahre 1276) finden sich bereits die Rechte der einzelnen Handwerke genau abgegrenzt. Wir lesen da u. a.: „Ez ist der wizmaler (Weißgerber) reht (Recht), daß kein rintschuhster wizmaler wärk werken sol! noh kain wizmaler

---

*) S. Mummenhoff, S. 110.

kain rintschuhster wärk. Vnde habent daz reht gen den läderen (haben das Rechtsverhältnis zu den Lederern)! daz si kain lo (Lohe) an div väl klaiben (an die Felle

Fig. 19. Altes Augsburger Flugblatt, abgebildet bei Jörissen.

kleben) suln! noh kain väl an daz ander heften, so si gewohrt (verarbeitet) sint*)." In manchen Städten hatten die Rotgerber das Privileg, Leim sieden zu dürfen, wozu sie ihre Hautabfälle verwenden konnten.

Einkauf und Verkauf waren genau geregelt. Bauern und auch Bürger, die ja früher oft Vieh hielten, sowie die Fleischer, lieferten den Gerbern die Felle. Mit den Fleischern wurde gewöhnlich deren Gesamtanfall für ein Jahr abgeschlossen; wo dies nicht der Fall war, kamen die Felle auf den Markt. Gesalzen wurden früher die Häute zum Schutze gegen Fäulnis nicht, sondern getrocknet.

Der Gerber durfte nur soviel Material einkaufen, als er selbst verarbeiten konnte. Den Lederern oder Rotgerbern wurde es z. B. in Nürnberg 1636 untersagt, auswärts rohe Häute und Juchten einzukaufen und sie an Nürnberger oder fremde Meister weiter zu verkaufen, da dem Handwerk dadurch ein nicht geringer Nachteil erwachse. Das Aufkaufen dieses Materials wurde deshalb als Vorkauf unter Strafe gestellt, und es sollte in Zukunft niemand mehr Häute einkaufen, als er mit seinem Gesinde gerben und zurichten konnte.

In Bern wurde in dem schon genannten Statut von 1666 der Verkauf roher Häute mit alleinigem Vorbehalt dessen, was der „Hausbrauch" erheischen mag (d. h. nur zu eigener unmittelbarer Verarbeitung) allen Metzgern, Burgern und Untertanen bei sehr hohen Geldstrafen untersagt. Die Gerber, welche unzubereitete Felle weiterverkauften, verfielen den gleichen Strafen. Im allgemeinen kann man sagen, daß der Häutehandel aller Art ver-

*) M. v. Freyberg, Sammlung deutscher Rechtsaltertümer. I. Bd., 1. Heft, S. 32.

boten war, wodurch der Gerber gegen ein Versagen der Zufuhr gesichert war. Mehr als das: den Fleischern war

Fig. 20. Gerber beim Weichmachen der Leder.
Kupferstich von Jan Joris van Vliet. 17. Jahrhundert. Original im Kupferstichkabinett zu München.

befohlen, ihre Ware zuerst den Gerbern anzubieten; dann erst durften sie das ihnen verbleibende andern Handwerkern, wie Sattlern, Riemern, Gürtlern, Hutmachern verkaufen.

Im Lohn gerben laſſen durfte man ſich nur für ſeinen Privatbedarf, und jegliche Konkurrenz um Lohnfelle war verboten; dies, damit der Verdienſt des Gerbers nicht zu ſehr beſchnitten werde*). Aber auch der allgemeinen Konkurrenz waren Schranken gezogen, über die ſich niemand ungeſtraft hinwegſetzen durfte. Wer z. B. in Bern überwieſen wurde, dem andern ſeine Kunden entfremdet oder dazu Anlaß gegeben zu haben, wurde mit einem Gulden gebüßt**). Das Leder wurde auf dem Markt verkauft, und zwar unter Beobachtung ſehr genauer Vorſchriften. Der Verkauf zu Hauſe war nicht erlaubt. Auch der Handel mit Leder, wie polniſchem Juchtenleder oder andern, am Orte nicht hergeſtellten Sorten, war ausſchließlich den Gerbern geſtattet. In Bern wurde jedem Nichtgerber, der Leder verkaufte, die gleiche hohe Buße auferlegt, wie ſie für den Handel in „rauwem“ Leder, d. i. in Häuten und Fellen, feſtgeſetzt war. In dem bereits oben erwähnten Augsburger Stadtrecht von 1276 iſt ſchon beſtimmt: „Ez iſt auh der läderär reht, daz kain gaſt (fremder Gerber), kain geworhtez (fertiggemachtes) läder hie veile ſol haben! wan zir wirten, vnde in huſern, vnde in kälren (außer in den Häuſern ſeiner Wirte und in deren Kellern). ane (außer) zem oſtermarkte, vnde ze ſant michelsmeſſe! vnde kain ſwarces Läder, ſol kain gaſt! zu kainen ziten niendert hie verkaufen“. Alſo der Verkauf von ſchwarzem Leder war den einheimiſchen Gerbern unter allen Umſtänden und ausnahmslos vorbehalten.

*) S. Kurt, S. 71.

**) S. Gerberordnung v. 1592 im Polizeibuche II. 6, Berner Staatsarchiv.

Damit sich diese jedoch nicht über Gebühr bereicherten, waren auch über die Preise Vorschriften gegeben. So bestimmt der Butzbacher Zunftbrief von 1732: Sollen auch die Rothgerber das Leder in gleicher Güte, wie zu Franckfurth, und vor die nehmlichen Preiß, zu verkauffen schuldig seyn.

In Bayern war den Gerbern der Verkauf des Leders im Ausschnitt verboten und den Schuhmachermeistern allein erlaubt. Der Gerber durfte dort nur ganze Leder verkaufen. Diese Verordnung erwirkten die Schuhmacher 1290 von Herzog Ludwig dem Strengen von Bayern, und der Erlaß wurde 1297 von Herzog Rudolf ausdrücklich bestätigt*). Die Bestimmung ist allerdings ganz vereinzelt, und ich fand dafür in keiner andern Gegend ein Seitenstück; im Gegenteil: noch im 16. und 17. Jahrhundert ist vielerorts den Schuhmachern der Verkauf von Leder überhaupt untersagt. So wurde den Schuhmachern in Eßlingen 1609 verboten, sogar nur „Stumpen" oder Stückchen Leder zu verkaufen, wenn sie sie nicht dem Käufer sogleich wieder verarbeiteten; allerdings durften dafür die Gerber keine Weinschläuche, einen im Mittelalter sehr gebräuchlichen Artikel aus Leder, verkaufen und auch kein gegerbtes Leder einkaufen. Diese Ordnung wurde 1717 neuerdings bekannt gemacht, hatte also noch im 18. Jahrhundert Gültigkeit**)!

Beschränkungen wegen des Lederverkaufes waren allgemein, und es war eine für die damaligen Verhältnisse besonders weitherzige Verfügung des Frankfurter Magistrates, als er 1558 allen Gerbern, Schuhmachern und

---

*) Bergmanns Geschichte von München, fol. Urkundenbuch, S. 7, N. 11.

**) S. Pfaff, Geschichte der Reichsstadt Eßlingen, S. 209.

Sattlern, welche im Handwerk eine offene Werkſtätte hatten, den Lederhandel freigab *).

In vielen andern Städten, die nicht ausgeſprochene

Fig. 21. Gerber bei der Arbeit. Aus Luyken.

Gerberzentren waren, finden ſich Gerber und Schuhmacher zu einer Zunft vereinigt. In Bremen geſchah dies ſogar im Jahre 1388 auf ausdrücklichen Wunſch der beiden Handwerke, die durch dieſe Vereinigung zahlreiche Reibe-

*) S. Lersners Frankfurter Chronik.

reien, die sie bis dahin entzweit hatten, zu beseitigen hofften*). Damit nahm die Zunft zur „Lore" (der Lohgerber), die 1305 eine noch erhaltene Ratsurkunde in altsächsischer Sprache mit dem ältesten Stadtsiegel empfangen hatte, in der ihr mancherlei Vorrechte eingeräumt worden waren**), als solche ein Ende und ging in der noch älteren der Schuhmacher auf. Übrigens ist es auf Grund der noch zugänglichen Bremer Urkunden ziemlich schwer, die beiden Handwerke genau auseinander zu halten, denn aus einem Ratsbriefe dieser Stadt von 1274 scheint hervorzugehen, daß die sogenannten schwarzen Schuhmacher (d. h. diejenigen, die schwarze Schuhe verfertigten) sich ihr Leder selbst gerbten, jedoch nur für eigenen Bedarf, nicht für den Verkauf***).

Je nach den Gepflogenheiten der Städte war das Schmieren und Schwärzen der Leder Sache der Gerber oder der Schuhmacher. Da beide Handwerke diese Verrichtungen für sich beanspruchten, erließ z. B. 1594 die Stadtobrigkeit von Koblenz die salomonische Verfügung, daß die Lohgerber nur rauhe Ochsen- und Stierhäute, die Schuster dagegen kleine Stierfelle und Seitenleder schwärzen durften†).

In Ulm entstanden Anfang des 15. Jahrhunderts zwischen den 13 Gerbern und 45 Schuhmachern dieser Stadt heftige Streitigkeiten. Den guten Schustern war es ohnehin nicht leicht gemacht, denn sie hatten, wie auch andernorts, die Kleiderordnung beschwören müssen und durften die

*) Berlepsch, S. 34, 35.

**) Carsten Misegaes, Chronik der freien Hansastadt Bremen, 1833, III, S. 155, Fußn. 4.

***) Berlepsch, S. 34, 35.

†) W. A. Günther, topograph. Geschichte der Stadt Koblenz, S. 217.

Fig. 22. **Wappen der Gerberzunft in Zürich (ca. 1600).**
Scheibenriß von Christoph Murner in der Bibliothek des Königlichen Gewerbemuseums in Berlin.

Schnabelschuhe weder länger noch kürzer machen, als es der Rat bestimmt hatte*). Innerhalb dieser engen Grenzen aber sollten sie der Ulmer jeunesse dorée immer neuartige und aparte Modeschuhe liefern! Nun kamen noch die Gerber und wollten keinem Schuhmacher mehr als 8 schwere Häute und 32 Felle (im Lohn) jährlich gerben, da sie durch altes Herkommen zu einer Mehrleistung nicht verpflichtet seien. Das Leder aber, das die Gerber ihnen verkauften, behaupteten die Schuster, sei minderwertig. Natürlich wehrten sich die Gerber und erklärten, die Schuster verwüsteten das gute Leder mit Schmieren, statt des Schmalzes nähmen sie Öl, was dem Leder schädlich sei, außerdem verarbeiteten sie flämisches Leder (soll wohl heißen Flemenleder, Fachausdruck für Seitenleder) und Buzen (Abfall). Der Rat schlichtete den Streit 1425 in der Weise, daß jeder Schustermeister Anspruch auf Lohngerbung von jährlich 10 schweren Häuten und 40 Fellen haben sollte. Den Gerbern wurde durch ihre Zunft- und Zwölfmeister geboten, eine ehrbare Lederschau zu bestellen und das Hautmaterial auch vor der Gerbung schauen zu lassen. Kein Leder durfte gestrichen, noch anders geheftet werden, als mit einer Haft an einem Orte, wo man es gut sehen und prüfen könne. Wollten sie Felle

---

*) Die Schuhformen nahmen vom frühesten Mittelalter an bis ins 18. Jahrhundert hinein oft die absonderlichsten Formen an. Je nach dem Geschmacke des Zeitalters trug man Schlappschuhe oder Schnabelschuhe, Entenschnäbel, Bärentatzen oder Ochsenmäuler, geschlitzte Schuhe, schwedische Stiefel, Steckelschuhe. Jedes Trachtenwerk veranschaulicht diese Fußbekleidungen, gegen deren Auswüchse nicht nur Satiriker wie Geiler von Kaisersberg in seinem Narrenschiff (Straßburg 1494), sondern auch unzählige Sittenmandate und Verbote der Regierungen eiferten. Es gibt keine ausführliche Lokalgeschichte, die solche nicht anführt. Sehr eingehend werden die Schuhmoden bei Berlepsch geschildert.

zuſammenlegen, ſo mußten ſie ſie in der Mitte durch den Rücken ſtreichen; mehrere Felle durften nicht zuſammengeheftet ſein, es ſei denn an einer Stelle, wo ihre Größe

Fig. 23.
Eine Gerberwerkſtatt am Maximiliansplatz (früher Neuer Bau) in Nürnberg. Kupferſtich von Joh. Ad. Delſenbach, ca. 1715.
Im Germaniſchen Muſeum in Nürnberg.

und Qualität geſchätzt werden könne. Die Zunft- und Zwölfmeiſter der Schuhmacher wurden dagegen angewieſen, ihren Zunftgenoſſen ein gutes Schmieren des Leders anzubefehlen, wobei an Schmalz nicht geſpart werden durfte. Buzen ſollten nur für den Teil der Schuhe oberhalb des Knöchels Verwendung finden dürfen*).

Nicht nur in Ulm, auch anderwärts wurde feſtgelegt, wieviel Häute und Felle die Schuſter ſich im Lohn gerben laſſen durften. In Bern, wo die Gerber in jeder Hinſicht die Oberhand hatten, konnte kein Schuſter jährlich mehr als zwei Häute und ſechs Felle, die er an Bezahlungsſtatt durch Kunden oder durch Selbſtmetzgen erhalten hatte, im Lohn gerben laſſen; auch den andern Meiſtern war unterſagt, für denſelben Schuſter binnen Jahresfriſt zu arbeiten, bei 10 Schillingen Buße für jede Zuwiderhandlung und weiterer Strafe „je nach Schuld“. Sattler hatten in Bern überhaupt keinen Anſpruch darauf, im Lohn gerben zu laſſen, die Gerber durften für ſie nur das Entfleiſchen beſorgen. Auch durften die Gerber mit den Sattlern keine Gemeinſchaft haben, bei 2 ℔ Buße.

Die weiter oben angeführten Einſchränkungen in der Ausübung ihres Handwerkes ſcheinen für die Gerber übrigens nicht überall in gleichem Maße beſtanden zu haben. In Baſel, wo die Rotgerber zuſammen mit den Schuſtern eine ſeit 1441 in zwei Teilzünfte getrennte Zunft unter einheitlicher Oberleitung bildeten (während die Weißgerber bei den Krämern, die Kürſchner bei den Schneidern zünftig waren), galten die Gerber im allgemeinen als wohlhabende, ja reiche Leute, während

---

*) Jäger, ſchwäbiſches Städteweſen des Mittelalters, I, S. 631.

die Schuster auf einer sozial niedrigeren Stufe standen. Es bildeten sich daraus viele Reibereien, wozu der Umstand mit beigetragen haben mag, daß die Schuster-Halbzunft zwei Drittel der bei der Lederschau ausgesprochenen Bußen erhielt. Von außen aber konnte hier nicht viel dreingeredet werden, weil in bezug auf Leder eben nur diese beiden Handwerke sachverständig waren*).

Die Würde des Basler Gerberzunftmeisters war nicht nur ehrenamtlich. Denn ihm erwuchsen „für den kumber den er hat" folgende Bezüge: „Am Martinstag ein forynn Salz und 1/2 lb. Pfeffer, zu Weihnachten ein Fuder Holz oder 6 ss., seinem Weibe zum guten Jahr und zur Fasnacht: ein forynn Salz und 1/2 lb. Pfeffer." **)

Bezeichnend für das Blühen des Gerberhandwerks in Basel ist auch die in verschiedenen Geschichtswerken ***) enthaltene Episode, die Kaiser Rudolf von Habsburgs Besuch bei einem Gerber schildert:

Einst stieg Rudolf bey einem Gerber in Basel ab; sein Weib hieß er ein Gastmahl bereiten; die niedlichsten Speisen und edelsten Getränke wurden in silbernen und guldenen Gefäßen vorgelegt; und die Frau nahm in reichem Schmucke den ersten Platz an der Tafel ein: „Warum," fragte Rudolf, „schleppt ihr bey all diesem Ueberfluß euch länger mit lästiger Arbeit?" „Darum", versetzte der Gerber, „weil sie es ist, die jenen befördert." Der Kirchenhistoriker Prof. K. R. Hagenbach hat die Begebenheit zu einem Gedichte verarbeitet, das den Gerber dem hohen Besucher antworten läßt:

---

*) S. Geering, S. 93.

**) S. Geering, S. 63.

***) S. Ochs, Bd. I, S. 454, Lutz, Chronik v. Basel, S. 71.

Additional material from *Verluch Einer Geschichte der Gerberei,*
ISBN 978-3-642-47300-5 (978-3-642-47300-5_OSFO1),
is available at http://extras.springer.com

„Auf fauler Haut? Das bleibe fern!
Ich fahre fort zu gerben,
Und will, gefällt es Gott, dem Herrn,
Als Gerber selig sterben.

Nie haben mich zur Stund gereut
Der rauhen Arbeit Mühen;
Nur wo man keine Dornen scheut,
Kann sichrer Segen blühen!“

Das Wort gefiel dem Kaiser sehr;
Er rühmt es aller Dinge,
Wie er zu Basel in die Lehr'
Bei einem Gerber ginge.

Wohl beispiellos ist das Ansehen, das die Gerber in Bern genossen.

1326 war ihnen, die bis dahin am Stadtbach gewohnt und dort wegen Verunreinigung des Wassers mit andern Anwohnern, namentlich den Metzgern und Küfern, beständige Streitigkeiten gehabt hatten, der alte Stadtgraben zu eigen gegeben worden; Nichtgerber sollten sich dort nicht ansiedeln dürfen. Hierdurch wurde im Gemeinwesen ein Sonderwesen geschaffen, das durch räumliche Abschließung, unvermischtes Zusammenwohnen, gemeinsame Nutzungen und in manchen Beziehungen eine eigene Polizei zur Erzeugung eines korporativen Partikularismus berufen war*). Die Wirkungen blieben auch nicht aus: schon 1332 gaben sich die Meister eine Handwerksordnung, die von Schultheiß, Rat und Zweihundert gutgeheißen wurde. Dieser Freiheitsbrief, der noch im Gesellschaftsarchiv von Obergerbern aufbewahrt wird, ist das älteste Statut eines Handwerks dieser Stadt. Es wird darin bestimmt, daß kein Gerber Leder auf den

*) Berner Taschenbuch 1863, S. 8.

Markt bringen ſoll, das nicht „ſantrochen“ (im Sand getrocknet), ebenſo kein „verbrunnnez“ (zu lange geäſchertes) Leder, daß keiner „Kue efer“ (Kuhäfer, d. i. Bauchteile der Kuhhaut) und „rüssin efer“ (Roßäfer) ſchneiden ſoll, auch kein ungeſchautes Leder. Die Ordnung enthält ferner Vorſchriften über den Verkauf, das Verhältnis zwiſchen Meiſter und Geſellen und Strafbeſtimmungen.

Noch 1373, als den Berner Gerbern ihre Privilegien beſtätigt wurden *), beſaß kein anderes Handwerk der Stadt ein ſolches. Die Gerber waren das angeſehenſte und ihr Beruf ſtand auch als ſolcher bis zum Burgunderkriege in hoher Blüte. Von den vier Vennern, einem hochangeſehenen und wichtigen Regierungsamte des alten Bern, dem auch die militäriſche Verwaltung der vier anſehnlichſten Landämter zuſtand, mußte immer einer den Gerbergeſellſchaften angehören. Bern hatte nämlich ſchon um die Mitte des 15. Jahrhunderts nicht weniger als drei Gerbergeſellſchaften: die der obern und die der niedern Gerber, ferner diejenige zum roten Löwen. Erſt 1578 wurden Ober- und Niedergerweren vereinigt und beſtanden fortan als Geſellſchaft zu Obergerweren, welcher die Rotgerber angehörten, fort, neben derjenigen zu Mittellöwen, in der ſich die Weißgerber befanden.

Während den Grundſtock der dreigezweigten Innung natürlich die Rot- und Weißgerber, ferner die Kürſchner und Seckler (Beutler) bildeten, wurden ſpäter auch Leute, die das Gewerbe nicht betrieben, aufgenommen. Grundherren, Geiſtliche, Ärzte und andere Berufsarten kauften ſich in die angeſehenen Gerbergeſellſchaften ein, und ſo dürfen wir die bedeutenden Zunftgenoſſen, denen wir

---

*) Urkunde im Berner Staatsarchiv (Bern. Oberamt).

Additional material from *Verluch Einer Geschichte der Gerberei,*
ISBN 978-3-642-47300-5 (978-3-642-47300-5_OSFO2),
is available at http://extras.springer.com

in Bern begegneten, nur zum Teil als aus dem Gerberberufe hervorgegangen ansehen; ja von manchen ist nicht einmal erwiesen, daß einer ihrer Vorfahren Gerber war *).

Mit dem Anfange des 19. Jahrhunderts büßten die Zünfte viel von ihrer Bedeutung ein. In vielen deutschen Städten durften die Meisterversammlungen nur noch unter dem Vorsitze eines Regierungsbeamten stattfinden, zu der alten Zunftherrlichkeit und Freiheit ein direkter Gegensatz.

Anfangs der 70er Jahre waren die Zünfte wohl überall, wo nicht überhaupt aufgehoben, so doch ihrer ursprünglichen Bedeutung entfremdet.

Es ist noch etwas über die Wappen der Gerberzünfte zu sagen. Nachdem die im 12. Jahrhundert aufgekommene Sitte, Wappen zu führen, im 13. Jahrhundert beim Adel bereits allgemein im Gebrauch war, folgten ihr die geistlichen Fürsten, die Städte und städtischen Patrizierfamilien. Die Handwerkszünfte wollten natürlich nicht zurückstehen und so sind bereits aus dem 14. Jahrhundert viele Zunftsiegel erhalten.

In der Schweiz und in Flandern zeigt das Gerberwappen einen Löwen, in den Vorderpranken ein Gerb-

---

*) Den Gesellschaften der Gerber in Bern gehörten nicht weniger als zehn Schultheißen an, darunter der Kriegsheld Adrian v. Bubenberg. Geschlechter wie die Muralt, Stürler, Daxelhofer, Joffrey, Lentulus, Manuel, Steiger, die fast allen europäischen Armeen Generale und andere hohe Offiziere lieferten, waren der Zunft nach Gerber. Desgleichen der Reformator Berns, Berchtold Haller und sein berühmter Nachkomme, Albrecht von Haller; der große Maler und Dichter Niklaus Manuel Deutsch; der Postmeister Beat v. Fischer, Herr zu Reichenbach, dessen Familie bis 1832 das Postmonopol wie die Fürsten Thurn und Taxis in Deutschland inne hatte; Johann Rudolf Ochs, der berühmteste Edelsteinschneider seiner Zeit. Dies eine kleine Blütenlese unter Hunderten von Namen, die das Ansehen und die Macht der alten Zähringerstadt erhöhten.

meſſer haltend. Der hier zum erſtenmal abgebildete prächtige Scheibenriß der Zürcher Zunft „zur Gerwe“, ein Meiſterſtück Chriſtoph Murner's (Fig. 22), veranſchaulicht dies ſchöne Wappen. Wo, wie in Baſel und Zürich, die Gerber mit den Schuhmachern zu einer Zunft vereinigt worden waren, iſt deren Wappen mit dem der Gerber geviertet.

Fig. 26.
Loh- und Rohgärber (Braunſchweig).
Nach Siegel.

Dies Löwenwappen ſcheint in Deutſchland ſehr ſelten geführt worden zu ſein, wenigſtens kam es mir noch nicht vor; nur als Schildhalter findet man Löwen hier bisweilen. An vielen Orten wurden einfach zwei gekreuzte Streicheiſen (ſ. Fig. 28) als Wappen geführt; oft befand ſich hinter dieſen noch ein ſenkrecht geſtelltes Falzmeſſer *); in Braunſchweig ſind die Falzmeſſer von vier Eicheln (Anſpielung auf die Eichenlohe) beſeitet, darüber befindet ſich ein Putzmeſſer (Fig. 26). Die Augsburger Lederer führten in Blau ein über einem goldenen Stab gehängtes Stück Leder unter einem ſilbernen Schabeiſen mit goldenen Griffen (Fig. 27); die Potsdamer Lohgerber drei Schabeiſen übereinander; die Lohgerber in Hainichen unter den zwei gekreuzten Gerbeiſen einen Kübel; die Straßburger Gerber eine ſenkrecht ſtehende Falzſchere, vor dieſer gekreuzt ein Streicheiſen und ein Putzeiſen (Fig. 30). In manchen Städten wurde der Schutzpatron der Zunft, der hl. Bar-

Fig. 27.
Lederer (Augsburg).
Nach Siegel.

---

*) Z. B. in Gardelegen, Holzminden und Salzwedel (ſ. Grenſer S. 58); in Neckarſteinach fand ich dieſes Wappen über mehreren Haustoren in Stein gehauen.

tholomäus, der diese Ehre seinem Martyrium zu verdanken hatte (er wurde bei lebendigem Leibe geschunden), im Wappen geführt*).

Die von den Rotgerbern ja meist getrennten Weißgerber führten im Wappen ein Streckeisen mit Schlichtmond**), hinter dem sich oft ebenfalls die gekreuzten Falzmesser befanden (Fig. 29 u. 30).

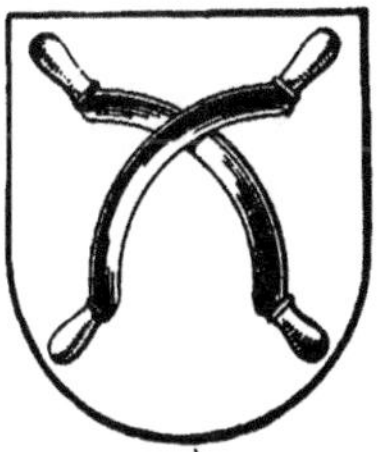

Fig. 28. Gerber.
(Nach mehreren Siegeln.)

Manche Gerberfamilien führten auch auf das Handwerk Bezug habende Gegenstände als eigenes Wappen, so die Berner Geschlechter von Waberen und von Bannmoos (Ballmoos), von denen das erste zwei gekreuzte Gerbmesser, das zweite ein Gerbmesser im Wappenbild hatten. Beide Geschlechter gaben allerdings im 15. Jahrhundert, als sie zur Junkerschaft emporgestiegen waren, diese einfachen Wappen auf, dem Handwerk den goldenen Boden, den es zu ihrem Aufblühen gelegt hatte, schlecht lohnend. Gerber oder Gerberzunftgenossen pflegten auch oft das Gerbmesser als Beigabe zu ihrem angestammten Wappenbild mit in den Schild aufzunehmen; das erste Beispiel, das ich hierfür fand, ist wiederum das eines Berners, des Venners Ruf Wiprecht, 1404***).

Fig. 29. Weißgerber
(Braunschweig).
Nach Siegel.

In der deutschen Literatur wird der Gerberberuf nicht eben viel erwähnt. Achilles Jason Widmann von Schwäbisch-

*) In Köln und einigen andern Städten war der hl. Servatius der Schutzpatron der Gerber (s. Grenser S. 39).

**) Der Schlichtmond war eine am äußeren Rande geschärfte Stahlscheibe, die den Zweck der Falzmaschine erfüllte.

***) Berner Taschenbuch 1863, S. 11 u. 125.

Hall schildert in seiner erstmals 1557 in Frankfurt a. M. erschienenen „Historie Peter Leuen des anderen Kalenbergers“ die Schicksale eines Lohgerbergesellen, der 1444. den Zug gegen die Armagnaken mitmachte. Ergötzlich ist darin namentlich die Geschichte, wie Peter Leu in einem Lohkorb ins Feuer fiel*). Erinnert sei auch an Till Eulenspiegel, dieser Verkörperung des deutschen Volkswitzes. Was innerhalb der verschiedenen Berufe und Handwerke an spaßhaften Dingen vorkam, das wurde mit der Zeit in der Figur dieses fahrenden Gesellen und Hofnarren des Volkes vereinigt. Kein Wunder, daß auch die Lederer ihren Teil abbekommen. Wie Eulenspiegel zu

Fig. 30. Weißgerber (Braunschweig). Nach Siegel.

*) Sein Meister hatte ihm befohlen, mit noch einem andern Knechte in einer Lohmühle im Walde die Nacht über Lohe zu mahlen. Die beiden zogen es aber vor, in einem am Wege liegenden Wirtshause zu übernachten; es kam nicht dazu, denn nachdem sie gegessen hatten, fielen sie etlichen Spielbuben in die Hände, die ihnen ihre Barschaft abgewannen, worauf sie den Wirt nicht mehr bezahlen konnten und unter Hinterlassung eines Pfandes an die Luft gesetzt wurden. Sie begaben sich nun in die Lohmühle, wo sie Feuer anmachten, sich wärmten und um ihr Geld klagten. Plötzlich hörten sie Lärm im Walde, was die beiden Hasenfüße veranlaßte, sich voll Angst vor nächtlichem Spuk in Lohkörbe zu retten. Da traten zwei Männer mit einem schönen Weibe in die Mühle, die trugen Wein, Wecken und Hühner bei sich und gedachten sich an dem einsamen Orte gütlich zu tun. Sie freuten sich, daß, wie sie meinten, der Gerber das Feuer nicht ausgehen ließ, und machten es sich bequem. Peter, der neugierig war und nach dem Frauenzimmer ausgucken wollte, beugte sich zu sehr aus dem Korbe heraus und fiel mit diesem ins Feuer, worauf das lichtscheue Gesindel entsetzt floh, alles zurücklassend. Die beiden Gerbergesellen verriegelten nun die Mühle und ließen es sich bei dem Mahle wohl sein. Dies in kurzen Worten der Inhalt dieser Geschichte, übrigens der einzigen in dem Buche, die auf Peter Leu's Handwerk direkt Bezug hat.

Fig. 31. **Gerberſchilder aus dem Muſeum in Rothenburg o. T.**

Braunschweig auf dem Damme einem Gerber Leder sott mit Stühlen und Bänken, wie er bei einem Kürschner in den Pelzen schlief, wie er in Berlin einem Kürschner Wölfe machte statt Wolfspelze oder zu Leipzig den Kürschnern eine lebendige Katze in ein Hasenfell nähte, das sind alles sichtlich unausgeklügelte alte Handwerksschwänke.

Die kernigen Verse, die Hans Sachs über die Lederer und Pergamentmacher dichtete, finden sich unter den Fig. 12 und 13 abgebildeten Holzschnitten des trefflichen Schweizer Meisters Jost Ammann.

Verschiedentlich werden die Gerber ausdrücklich als besonders kampflüchtige Gesellen genannt, die, wenn es ernst galt, in die vordersten Reihen gestellt wurden. Die Berner Stadtchronik und ihre Überarbeiter lassen den Anführer der Berner den Gerbern und Metzgern in der Schlacht bei Laupen 1339 zurufen: „Wo sind nu die mit den grünen Röcken und die Gassentreter? Die trettend nu har zu mir, die söllen vor der Panner stan als ein Mur!“ Die Gerber und Metzger antworteten: „Herr, wier sind hie und wellen noch hütt by üch sin an üwer Siten, und tuon als biderb Lüt tuon sollen, was Ir uns heißent.“ Uhland dichtet von der Schlacht bei Reutlingen: „Wie haben da die Gerber so meisterlich gegerbt“ und Ew. Gerh. Seliger läßt in seiner historischen Novelle „Das Fest der Käthemägde“ Brieger Gerbergesellen bei einem Volksauflauf eine rühmliche Rolle spielen.

Mehr erwähnt findet sich das Wort gerben in seinen Nebenbedeutungen, von denen die im eben genannten Uhland'schen Zitat gebrauchte die bekannteste ist. Kein Schulbube wird durch die Frage in Verlegenheit kommen, was es heißt, jemandem das Fell zu gerben. Goethe hat das Wort in diesem Sinne angewendet: „In der Ecke fanden fie ihn und fchlugen und gerbten ihm gewaltig das Fell", lefen wir in Reineke Fuchs. Doch ift die Redensart fchon uralt, denn im deutfchen Heldenbuch*) wird fchon berichtet:

„fie (die Heiden) wurdent all gegerbet,
das in gefchach gar we
mit plut da ward geferbet,
das felt und auch der cle."

Eine Reihe weiterer Beifpiele, wo gerben für verprügeln gebraucht wird, laffe ich, um den Lefer nicht zu

*) Grimm, S. 3587.

ermüden, beiſeite. Dagegen darf ich nicht unterlaſſen, daß gerben auch bildlich für mit ſcharfen Worten bearbeiten und für färben verwendet wurde*). In Sebaſtian Brant's Narrenſchiff (104, 53) ſteht:

„ich ſoll es doch ein wenig färben
und nit mit eichen rinden gärben,
ſunder mit linden ſafft ouch ſchmieren."

Und in einem fliegenden Blatte ohne Datum, das in Nürnberg bei Val. Neuber erſchien, heißt es:

„Der Himel tut ſich ferben
Auſz weiſzer Farb in blaw,
Die Wolcken thun ſich gerben
Auſz ſchwartzer Farb in graw."

Hier iſt alſo gerben für heller färben angewendet. In andern Fällen auch für dunkler färben, was nicht ſo widerſinnig iſt, als es auf den erſten Blick erſcheinen kann, da ja die Gerbſtoffe ſehr verſchiedene Farbtöne ergeben.

Auch in verſchiedenen derb erotiſchen Gedichten früherer Jahrhunderte fand ich gerben bildlich angewandt.

Die zuerſt in Albertini's Landſtörzer 1615**) vorkommende Redensart „ſpeien wie die Gerberhunde" war, wie aus zahlreichen Schriften des 17. und 18. Jahrhunderts hervorgeht***), früher ſprichwörtlich und bildet nach Moritz Heyne die Erklärung des noch heute üblichen ſtudentiſchen Ausdruckes gerben für ſpeien†).

---

*) Weitere Bedeutungen des Wortes ſiehe in Anmerkung 1 auf S. 31.

**) S. 472.

***) Grimm S. 3388.

†) Ohne dieſer naheliegenden Deutung des berühmten Germaniſten nahe zu treten, möchte ich doch die Frage aufwerfen,

Im Sprichwort ist gerben wenig vertreten. Genannt sei der schöne alte Spruch, der sich auf einem anonymen Stich findet:

Ohne Walken, ohne Gerben
Wird das Leder nicht recht gar;
Der muß ohne Zucht verderben,
Der sonst noch zu ziehen war.

sowie die Redensart: Betrübt wie ein Lohgerber, dem die Felle fortgeschwommen sind. Noch spärlicher als in der Literatur kommt der Gerberberuf in der Kunst weg. Abgesehen von den Malereien in den ägyptischen Grabkammern sind wohl die ältesten erhaltenen bildlichen Darstellungen von Gerbern bei der Arbeit die in dem Buche der Mendel'schen Zwölfbrüderstiftung in Nürnberg (Fig. 1 und 8) enthaltenen, die hier zum ersten Male abgebildet werden.

Die alten holländischen Meister, die doch so manche Werkstatt auf der Leinwand verewigten, haben uns, so viel mir möglich war zu erfahren, kein einziges Bild mit der Darstellung einer Gerberei hinterlassen. An Scheibenrissen fand ich trotz eifrigen Suchens nur die allerdings sehr schöne Zeichnung von Daniel Lindtmeyer, die ich Fig. 16 (zum ersten Male) abbilde. Unter den Holzschnitten sind die bekannten von Jost Ammann (Fig. 12 u. 13) die wertvollsten. Einige weitere, sowie zwei gute holländische Stiche finden sich ebenfalls in diesem Werkchen abgebildet (Fig. 18, 19, 20, 21, 23, 33).

Sehen wir von eigentlichen bildlichen Darstellungen der Gerberei ab, so gab die Zunft der Kunst und dem

---

ob diese studentische Redensart nicht eher aus dem Schweizerdeutschen übernommen wurde, wo „sich erbrechen" körbeln heißt.

Kunstgewerbe doch öfter Gelegenheit zur Betätigung. Zunftladen (s. Fig. 17), Zunftkannen und Pokale, Zunftscheiben (Fig. 22), Schilder (s. Fig. 31) wurden oft sehr schön ausgeführt. Ebenso die Zunftbriefe, die oft von her-

Fig. 33. Gerber bei der Arbeit.
(Aus Galerie der vorzüglichsten Künste.)

vorragenden Kupferstechern ausgeführt wurden (s. Fig. 24 und 25). Es seien in diesem Zusammenhange auch die bereits genannten Deckenskulpturen der Gerberkapelle im Berner Münster, eine schöne spätgotische Arbeit (Fig. 9), nochmals erwähnt.

NEUZEIT.

Es gibt wenige Gewerbe, die bis in die neuere Zeit hinein von den Errungenſchaften der fortſchreitenden Technik oder der wechſelnden Mode ſo gänzlich unberührt blieben, wie gerade die Gerberei. Andere Handwerke hatten ſich der herrſchenden Geſchmacksrichtung anzupaſſen, man denke an den Schneider, den Schuſter, den Tiſchler. Nicht ſo der Gerber, der noch vor einem Menſchenalter ſo arbeitete, wie ſein Vorgänger im grauen Mittelalter. Er hatte ſeit urvordenklichen Zeiten bis tief ins 19. Jahrhundert hinein an ſeinem Gerbverfahren nichts geändert, ja noch heute arbeiten manche der allerdings immer mehr ausſterbenden Eichenlohgerber auf dem Lande noch genau nach dieſem altehrwürdigen Syſtem, unbekümmert um die Fortſchritte der Chemie und der Technik.

Die Entwicklung des Handwerks zur Manufaktur und von dieſer zum Fabrikbetriebe eingehend zu ſchildern, fällt aus dem Rahmen, den ich mir für dieſe Arbeit vorgeſteckt habe. Ich behalte mir vor, darüber ſpäter eine beſondere Monographie erſcheinen zu laſſen und führe hier nur die hauptſächlichen Entwicklungsſtufen an, die für die Gerberei von grundlegender Bedeutung waren.

Der erſte Schritt, der einen Übergang des Handwerkes zur Manufaktur bedeutete, iſt das Aufkommen einer neuen Zurichtmethode für Oberleder, nach ihrem Urſprungslande das *engliſche Syſtem* (partie anglaise) genannt. Sie war ungemein kompliziert, hatte jedoch gegenüber dem alten Verfahren den Vorteil, weniger fettes Leder zu ergeben, was für die damals einsetzende Schuhfabrikation wichtig war. Nachdem in England und Frankreich das neue Leder fabriziert und von den Konsumenten verlangt wurde, mußten sich auch die konservativen deutschen Gerber dazu bequemen, es herzustellen. Schon Mitte der 1850er Jahre bürgerte es sich in Worms und Mainz ein, später folgten die meisten andern Produzenten. Von Anfang an erwarb sich die alte elsässische Gerberstadt Barr für ihr feines, nach dem englischen System hergestelltes Leder einen guten Ruf, und als sie nach dem Kriege von 1870—71 ihren Absatz nach Frankreich infolge des Einfuhrzolles verlor, machte sie den deutschen Gerbern durch ihr überlegenes Fabrikat eine böse Konkurrenz. Jetzt noch werden die lohgaren Kalb- und Kipsleder (sog. Wichsleder) im großen ganzen nach dieser Methode hergestellt *).

In der Farblederzurichtung fanden gleichzeitig durch die Erfindung der Anilinfarben, die nun großenteils an Stelle der bisher gebräuchlichen vegetabilischen Farben traten, umwälzende Änderungen statt. Dies betraf namentlich die Schaflederfärbereien.

Eine bedeutende Neuerung war die Einführung fremder Gerbstoffe. Bis Anfang der 1880er Jahre war fast ausschließlich mit Eichenlohe oder, wo diese vorteilhaft zu beschaffen war, mit Fichtenlohe gegerbt worden; in Rußland hatte deren Stelle von altersher großenteils die ein schönes, helles Leder ergebende Weidenrinde versehen. Von da an begann der Import überseeischer Gerbstoffe. Die europäischen Gerber waren

*) Sehr eingehende Mitteilungen hierüber bei Kurt, S. 108 ff.

durch das „rote Geſpenſt“, das aus Amerika eingeführte, mit **Hemlocklohe** gegerbte Unterleder, mit dem der Markt bis zu einem 1879 geſchaffenen Schutzzoll während mehrerer Jahre überſchwemmt worden war, aus ihrer Ruhe

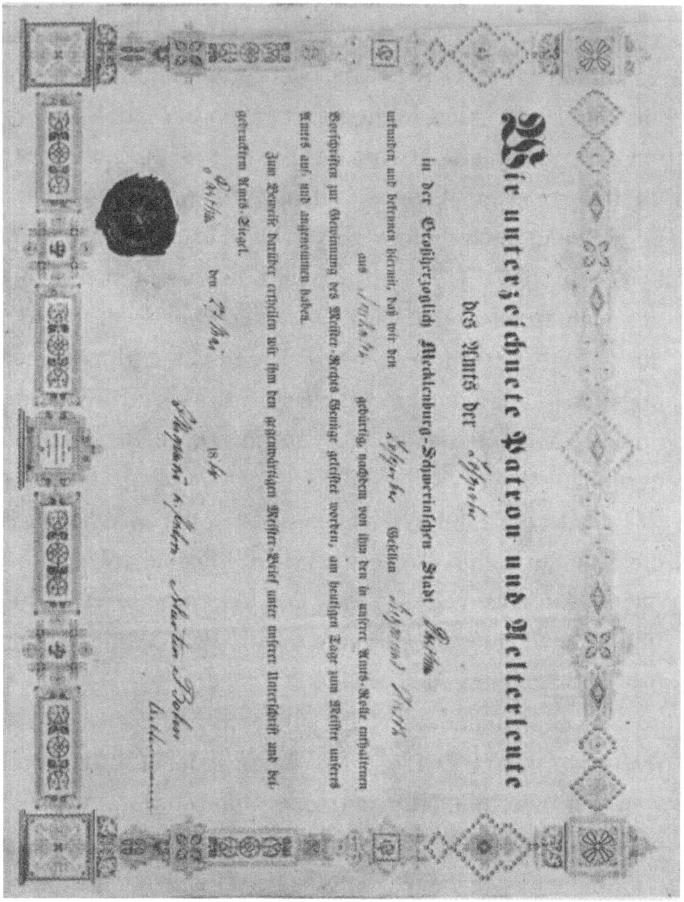

Wir unterzeichnete Patron und Aelterleute des Amts der ... in der Großherzoglich Mecklenburg-Schwerinschen Stadt ... urkunden und bekennen hiermit, daß wir den ... aus ... gebürtig ... Gesellen ... nachdem von ihm den in unserer Amts-Rolle enthaltenen Vorschriften zur Gewinnung des Meister-Rechts Genüge geleistet worden, am heutigen Tage zum Meister unseres Amts auf- und angenommen haben.

Zum Beweise darüber ertheilen wir ihm den gegenwärtigen Meister-Brief unter unserer Unterschrift und beigedrucktem Amts-Siegel.

... den ... 18..

Fig 34. Meiſterbrief von 1868.
(Im Beſitze des Herrn Lederfabrikant Max Hirſch in Weinheim.)

aufgeſchreckt worden. Die nordamerikaniſche Hemlock- oder Schirlingstanne (Tſuga Canadenſis) gab einen ſtärkeren, ſchneller durchgerbenden und billigeren Gerbſtoff als Eichenlohe, dies hatten unſere Gerber zu ihrem

Nachteile erfahren; und so begannen auch sie sich für fremde Gerbstoffe zu interessieren, die sich von da an schnell einbürgerten. In erster Linie gilt dies für das Quebrachoholz der Bäume Aspidosperma Quebracho und Loxopterygium Lorenzii, das wohl heute, nach der Eichenlohe, der am meisten verwendete vegetabilische Gerbstoff ist, obwohl man ihn wegen seiner roten Farbe nicht rein, sondern in Mischung verwendet. Nach und nach begann man Myrabolanen und Knoppern, Valonea, Divi-Divi, Sumach, Malettorinde, Mimosarinde, Canaigre, Mangroverinde und andere gerbstoffhaltige Hölzer, Rinden, Früchte und Blätter in großen Mengen einzuführen, deren richtige Verwertung in Verbindung miteinander oder mit Eichenlohe bald zum wesentlichen Erfordernis für den richtigen Betrieb einer Gerberei wurde.

Eine noch wichtigere Neuerung als die Einführung der überseeischen Gerbstoffe war der Übergang von der Gerbung mit Lohe zu derjenigen mit Extrakten, eingedickten Auslaugungen von Gerbhölzern, die in England und Frankreich schon längst üblich war, als in unsern Ländern noch niemand anders als mit Lohe gerbte. Sie ermöglichte eine intensive Ausnützung des Gerbstoffgehaltes und infolge der im Verhältnis zur Lohe ungleich stärkeren Brühen ein schnelles Durchgerben der Leder, wogegen allerdings mit Lohe gegerbtes Leder, namentlich Sohlleder, in der Qualität bedeutend besser ist; noch heute machen manche Heeresverwaltungen für ihre Bezüge Grubengerbung zur Bedingung. Die Extraktion der Gerbstoffe findet weniger in den Gerbereien als in besonderen, namentlich an Hafenplätzen angelegten Fabriken statt, und für die Analyse des in ihnen enthaltenen Quantums an Gerbstoff wurden von der Wissenschaft besondere Untersuchungsmethoden ausfindig gemacht. Ist doch die richtige Kalkulation beim Einkauf und bei der Gerbung neben der Kenntnis der gewichtgebenden, färbenden und andern Eigenschaften der Gerbstoffe von grundlegender Bedeutung.

Es ist nicht verwunderlich, daß die zunehmende Vergrößerung der Gerbereien der Technik die Aufgabe nahelegte, die Arbeit des Gerbers durch Vorrichtungen und Maschinen zu vereinfachen und abzukürzen. Der erste Schritt in dieser Richtung waren wohl die an Stelle der Gruben tretenden Walkfässer, Gerbfässer und Haspel, die durch Bewegung das Eindringen des Gerbstoffes ins Leder beschleunigten. Nach und nach wurden Maschinen erfunden, die die meisten Handgriffe in der Gerberei ersetzten, und zwar gingen hier England und Amerika voran, deren Maschinenfabriken an der Pariser Weltausstellung 1867 bereits verbesserte Walkmaschinen, Krispelmaschinen, Lederhämmer, Schabmaschinen, Narbenpressen, Spaltmaschinen, Lohpressen, Bimsmaschinen zeigten *). Seither sind Maschinen erfunden worden, die vom Scharfsinn und von der Beharrlichkeit der Spezialingenieure, die sich mit ihrer Vervollkommnung ständig befassen, eine hohe Meinung geben. Sie ermöglichen eine gleichmäßige und rationelle Arbeitsweise, wie sie früher unbekannt und unmöglich war. Da die Beschreibung der neuen Gerbmaschinen voraussichtlich den Inhalt eines besonderen Bandes dieser Sammlung bilden wird, gehe ich darüber hier hinweg, indem ich für die Nichtfachleute unter den Lesern, welchen dieser Band nicht zugänglich sein wird, nur diejenigen zwei Maschinen erwähne, welche den augenfälligsten Fortschritt darstellen: die Spaltmaschine, mittelst welcher

---

*) F. A. Günthers Deutsche Gerberzeitung 1867, Nr. 17.

Häute und Felle in zwei oder mehr Schichten gleichmäßig gespalten werden können, und die Meßmaschine, die den sonst nur durch langwierige Messungen und Ausrechnungen zu bestimmenden Flächeninhalt der Leder durch ein sinnreiches Tastensystem sofort anzeigt.

Am einschneidendsten in ihrer Bedeutung für den Übergang des Gerberhandwerks zur Großindustrie war aber die Erfindung des Chromgerbverfahrens. Bisher war der einzige bekannte Gerbstoff aus dem Mineralreiche Alaun, das von jeher zur Weißgerberei Verwendung fand. 1861 ließ sich Professor Knapp ein Patent für die Gerbung mit Eisensalzen erteilen; ihm folgten 1878 Dr. Christian Heinzerling, der sich die Gerbung mit chromsauren Salzen schützen ließ und Wilhelm Eitner, dem 1881 eine auf Grund jahrelanger Versuche erfundene Chromgerbemethode patentiert wurde. Praktisch verwertet wurde die Erfindung zuerst in Amerika, wo 1884 August Schultz das Gerben mit Bichromat (Zweibadverfahren) und 1892/93 Martin Dennis dasjenige mit Chromalaun und basischen Chromsalzen (Einbadverfahren) patentieren ließ.

Da chromgegerbtes Leder viel weicher und zäher ist, als vegetabilisch gegerbtes, leuchtet sein schnelles Überhandnehmen ein. Wohl vier Fünftel alles heute hergestellten Oberleders ist chromgegerbt; auch für Sohlleder, technische Leder (Treibriemen) und manche andere Ledersorten wird es bereits mit Erfolg angewendet.

Vergegenwärtigt man sich, daß die alte Grubengerbung bis zu drei Jahren dauerte, während mit Chromalaun in wenigen Stunden gegerbt werden kann, dann erklärt sich, daß der Kapitalismus durch den nunmehr sehr rasch erfolgenden Geldumschlag an der Lederfabrikation immer größeres Interesse nahm und daß die Jahresumsätze bedeutender Werke riesige Zahlen erreichen. Allerdings erfordert der mit der Großproduktion einzelner Firmen entstandene scharfe Konkurrenzkampf ein Einsetzen aller Kräfte, eine genaue Kenntnis des Rohfellmaterials, der Maschinen und Chemikalien, damit jeder kleine Vorteil ausgenützt wird. Dieses Aufderhöhebleiben ist natürlich den kleineren, ihren Beruf handwerksmäßig ausübenden Gerbern nicht möglich, und zahlreich sind die Betriebe, die mittelbar durch das Aufkommen der Chromgerbung aussterben. „Die Chromgerbung ist eine Erfindung des Teufels!" sagte mir einst ein alter Lederfabrikant.

Hand in Hand mit dem Siegeszug der Chromgerbung ging die Vervollkommnung der zur Erzielung einwandfreier Leder dienenden Gerb-, Farb- und Fettungsmittel. Auch hier möchte ich dem nächsten Bande dieser Sammlung, der sich speziell mit der Chromgerbung befassen und praktisch bewährte Verfahren enthalten wird, nicht vorgreifen, sondern als besonders wichtig nur die künstlichen Beizen, welche den Hundekot ersetzen, die Bleich- und Beschwerungsmittel für Sohl- und Spaltleder, benzinfreie Entfettungsmittel, Appreturmittel, die weiches, zähes Leder ergeben, Entwickler, welche den Farben ein gleichmäßiges Aufziehen ermöglichen, und sehr reine, substantive Schwarz erwähnen*).

Mit der unbewußten Poesie, der bei aller zugegebenen Nüchternheit des Gerberberufes und seiner Vertreter doch vorhanden war, ist es vorbei. Vorbei mit

*) Die Handelsnamen dieser Produkte lauten in der gleichen Reihenfolge: Escobeize, Escolorin, Exgrassol, Merinol, Vanadia, Chromlederschwarz E extra conc.

dem patriarchalischen Verhältnis in der Meisterwerkstatt, wo beim gemeinsamen Mahle der Meister das Tischgebet sprach, die Meisterin dafür sorgte, daß keiner zu unbescheiden zugriff und das blondgelockte Meisterstöchterlein den Gesellen den Trunk kredenzte, vorbei mit den Wanderjahren, den würdigen Zunftversammlungen und manch anderem, das in unsere Zeit des Hastens nach dem Gelde nicht mehr paßt. Heute ragen da, wo Leder fabriziert wird, riesige Schlote gen Himmel. Vor den Toren liest man sozialdemokratische Anschläge und innert diesen Fabrikordnungen. Mag sein, daß unsere Alten oft engherzig waren, indem sie der Initiative des einzelnen durch die strengen Vorschriften der Zünfte Schranken setzten. Aber sozial und philosophisch waren manche ihrer Maßregeln trotz der Ansichten unseres aufgeklärten Zeitalters richtig, und ob die Glückseligkeit des einzelnen durch alle Fortschritte der Technik gefördert wurde, ist zweifelhaft.

Anhang 1:

Berühmte Gerber.

Nicht immer blieben die Gerber ihrem handfesten Berufe treu, die Geschichte weiß von wiederholten Fällen zu berichten, wo sie ihn an den Nagel hängten, um wichtige Aufgaben zu erfüllen. Kleon, der von seinem Vater Kleänetos eine mit Sklaven betriebene Gerberei geerbt hatte, wurde als Nachfolger des Perikles Anführer der Athener (Thucydides V). Der Kremoneser Alfenus brachte es vom einfachen Gerber und Schuster durch eifriges Studium zu einem der hervorragendsten Rechtsgelehrten seiner Zeit und wurde ein Jahr nach der Geburt Christi erster Bürgermeister Roms. Hans Waldmann, der Zürcher Bürgermeister und bedeutendste eidgenössische Staatsmann seiner Zeit, war von Haus aus Gerber und aus seiner Heimat Zug als Gerbergeselle nach Zürich gekommen. Als 1489 seine politischen Gegner ihn stürzten, wurde im Urteil als ein Hauptgrund für seine gleichen Jahres erfolgte Enthauptung seine zu große Begünstigung der Zünfte angeführt.

Auch in unserer Zeit haben sich zwei aus dem Gerberberufe hervorgegangene Staatsmänner zu den höchsten Ämtern emporgeschwungen, die ihre Heimatländer zu vergeben hatten: Ulysses Grant, Präsident der Vereinigten Staaten von Nordamerika, und Felix Faure, Präsident der französischen Republik.

Schließlich erinnere ich an den Freiherrn Cornelius von Heyl, den großen Lederindustriellen, der, allerdings ohne die Leitung seines Unternehmens aus der Hand zu geben, als deutscher Wirtschaftspolitiker eine bekannte Persönlichkeit ist, sowie an den preußischen Handelsminister Fr. Möller, von Haus aus Gerber in Brackwede.

Anhang 2:

Die Lederfärberei vor der Erfindung der Anilinfarben.

Es mag als ein Gebot der Pietät gelten, an dieſer Stelle den bereits in Vergeſſenheit geratenen Farbſtoffen, die zum Färben des Leders dienten, bevor die Anilinfarben ſie verdrängten, ein Gedenkſteinchen zu ſetzen.

Blauholz, Gelbholz, Quercitron und auch Rotholz brauchen wir hier nicht zu berückſichtigen, weil ſich dieſe Produkte ihrer Echtheitseigenſchaften wegen noch ziemlich behaupten, wenn ſie auch bereits viel an Boden verloren haben. Namentlich Blauholz oder deſſen Extrakt dürfte zur Zeit noch in jeder Lederfabrik verwendet werden.

Vor allem iſt der I n d i g o zu nennen, dieſer edle, noch vor einem halben Menſchenalter auch in der Textilfärberei allgemein gebrauchte, blaue Pflanzenfarbſtoff. Als er in den 90er Jahren des verfloſſenen Jahrhunderts durch den ſynthetiſchen Indigo erſetzt wurde, den nunmehr verſchiedene chemiſche Fabriken herſtellen, da erreichte ihn das gleiche Schickſal, welches er ſelbſt einige Jahrhunderte früher dem alten Färberwaid bereitet hatte. Letztere Pflanze wurde in Thüringen früher in großen Mengen angebaut, ſo daß dies kleine Land eine für die damalige Zeit gewaltige Jahresproduktion hatte, nämlich für 350,000 Taler. Es wurden daher auch die Städte Erfurt, Gotha, Tennſtädt, Arnſtadt und Langenſalza die fünf Waidstädte genannt. Als mit der Einfuhr des Indigos begonnen wurde, wehrten sich die Waidbauern verzweifelt für ihren Erwerb und wurden darin auch von verschiedenen Regierungen unterstützt. So wurde noch 1650 und 1666 durch zwei kurfürstliche Erlasse in Thüringen dessen Gebrauch „bei Strafe an Gut, Ehre und Leben" verboten. Es wurde dem Indigo vorgeworfen, es sei eine „schädliche, zerfressende Teufelsfarbe". Trotz alledem mußte die Waidkultur verschwinden, da Waid nur etwa ein Dreißigstel der Menge Indigo enthielt, die aus den in Indien angebauten Arten der Indigofera gewonnen wurde. Damals war es der Kampf zweier großer landwirtschaftlicher Mächte, in dem Indien gesiegt hat, und jetzt ist auch die dort hochentwickelte Bodenkultur der „damned german invention" der sieghaft fortschreitenden chemischen Industrie unterlegen. In der Provence und in der Normandie wurde übrigens vor noch nicht langer Zeit Waid angebaut und exportiert, da früher die Meinung verbreitet war, es sei mit Indigo allein keine so echte Färbung zu erzielen wie mit Indigo und Waid zusammen.

Nebenbei bemerkt war der Indigo, als dessen synthetische Herstellung gelang, aus der Lederfärberei durch die Anilinfarben bereits fast ausgeschaltet und fand nur da und dort noch für feine Buchbinderleder Anwendung *).

Auf die roten Farbstoffe übergehend, stammt Santalholz vom Santelbaum, Pterocarpus santalinus aus Ostindien. Der darin enthaltene Farbstoff, genannt Santalin, war eine kristallinische Substanz, in Wasser schwer löslich; die Abkochung mußte daher stets heiß benutzt werden. Santalin gab mit Tonerde und Kristallen rote, mit Eisen-

*) S. Theodor Lang, Indigo. Manuskript.

oxyd braune Farben, die ſehr haltbar waren. Santalin ähnliche Farbſtoffe finden ſich im Caliatur- und Madagaskarholz. Tſutſao wird in der Provinz Shantoung als wildwachſende Pflanze geſammelt. Sie wird noch jetzt

Fig. 35. Perſonifikation der Gerberei.

Aus Engelbrecht: Neueröffnete Sammlung der mit ihren eigenen Arbeiten und Werkzeugen eingekleideten Künſtler, Handwerker und Profeſſionen. Augsburg, um 1730.

von Chinesen zum Färben des Leders verwandt. Krapp, Rubia tinctorum, wird aus der langen hellblutroten Wurzel dieser Pflanze, die in den Mittelmeerländern zu Hause ist, gewonnen. Auch dieses Gewächs, das noch vor wenigen

Fig. 36. Personifikation der Gerberei.

Aus Engelbrecht: Neueröffnete Sammlung der mit ihren eigenen Arbeiten und Werkzeugen eingekleideten Künstler, Handwerker und Professionen. Augsburg, um 1730.

Jahrzehnten als eine der wichtigsten Nutzpflanzen Europas gelten durfte, wird nun kaum mehr kultiviert. In Verbindung mit Zinn, Tonerde oder Eisensalzen konnten mit Krapp alle Nuancen von rosa bis schwarzrot auf Leder hergestellt werden.

Nicht viel anders geht es der Cochenille, Coccus cacti, aus welcher der Carmin gewonnen wurde. Die Cochenille oder Nopalschildlaus ist ein in heißen Ländern vorkommendes Insekt, das auf Kaktusblättern lebt. Die getrockneten Tierkörperchen, von welchen ca. 150,000 auf ein Kilo gehen, enthalten fast 50% Farbstoff, der mit Zinnoxyd prächtige, sehr echte Purpur-, Violett- und Orangetöne lieferte.

Saflorrot wurde aus dem Carthamus tinctorum, der Färberdistel, gewonnen. Die Blumen, welche den Farbstoff enthalten, kamen getrocknet in den Handel, und das damit erzielte Rot ist von prachtvoller Farbe, aber nicht sehr echt. Es konnte ohne Beize gefärbt werden und hatte mit manchen Anilinfarben die Eigenschaft gemein, bei zu reichlicher Auftragung zu broncieren.

Orseille wurde durch das Übergießen der gemahlenen Lecanora und Rocellaflechten mit ammoniakalischen Flüssigkeiten (gefaultem Urin) erzielt und erhielt durch den oxydierenden Einfluß des Ammoniaks und der Luft nach längerer Gärung einen purpurroten Farbstoff, der nicht sehr beständig war, aber zu Mischungen in der Lederfärberei oft verwendet wurde.

Kermesbeeren, die Früchte eines in Asien, Afrika und auch Südeuropa vorkommenden Strauchgewächses, enthalten weinroten Farbstoff und sollen da und dort für Buchbinderleder gebraucht worden sein.

Kermeskörner (oder Scharlachkörner), sind die

im Mai getöteten, getrockneten trächtigen Weibchen der Kermes-Schildlaus. Sie liefern einen rotbraunen Farbstoff, der zu billigem Karmin, in Verbindung mit Zinnsalz und Weinstein auch zu gelb, mit Kupfervitriol und Weinstein zu grün und mit Tonerde zu rot verwendet wurde.

Malvenfarbstoff wurde aus den Blumenblättern der schwarzen Stockrose gewonnen. An sich violettrot färbend, gab er mit Säuren karminrote, mit Alkalien grüne, mit Zinnsalzen blauviolette und mit Tonerdsalzen violettblaue Färbungen.

Cudbaer (oder Persio), Schwedisches Moos, wird aus der grauweißen Kruste der an nordischen Küstenfelsen wachsenden Flechte Lecanora gewonnen. Diese enthält den gleichen Farbstoff wie Orseille.

Erdorseille (auch Parelle, Orseille d'Auvergne genannt), lieferte die in europäischen Gebirgen häufige Parelleflechte. Dieses Produkt wurde, namentlich in Frankreich, für rot verwendet.

Von den gelben Farbstoffen seien erwähnt: Berberitzensaft (oder Saurach), der aus der Berberitze oder Sauerdorn, einem krautartigen Gewächs von der Familie der Berberiden mit ovalen roten Beeren, geliefert wird. Der aus diesen Beeren gewonnene Saft wird noch jetzt in der Feinlederfabrikation ein wenig verwendet, wenn auch lange nicht mehr im früheren Maßstabe. In manchen Betrieben braucht man ihn auch zum Verbessern des Stoßglanzes.

Aus der Wurzel der Berberitze wurde das Berberin extrahiert, welches auf Leder ohne Beize ein braunes Gelb färbte.

Wichtig war früher für das Lederfärben auch Safran, Crocus Sarivus, der zu andern Zwecken ja noch viel verwendet wird. Curcumin wird aus den Wurzelknollen der in Asien heimischen Curcumapflanze hergestellt. Es färbte Leder feurig gelb, wurde jedoch wegen seiner ungenügenden Echtheit mehr zu Mischzwecken benutzt.

Sehr beständig sind dagegen die Waufarben. Wau, Reseda Luteola, im Volksmunde Färberwau oder Gelbkraut genannt, ist eine in vielen Gegenden unseres Kontinents wildwachsende, bis ein Meter hoch werdende Pflanze, deren langer gerader Stengel und Blätter den Farbstoff enthalten. Wau wurde in vielen Gegenden, namentlich in Frankreich und Holland angepflanzt. Das aus seiner Abkochung entstehende gelbbraune Luteolin färbte mit Tonerdsalzen lebhaft gelb, und in Verbindung mit Berlinerblau wurde ein schönes Grün, das sogenannte Pottgrün, erzielt.

Wongsby oder chinesische Gelbschoten, die aus Batavia importiert wurden, wurden ebenfalls zum Gelbfärben verwendet, und zwar war die damit erzielte Nuance derjenigen von Safran ähnlich.

Ferner wurde das Gelb aus der Färberscharte, Serratula, einem in manchen Gegenden viel vorkommenden Unkraut, hergestellt. Gefärbt wurde mit essigsaurer Tonerde. Die erzielte Nuance läßt sich mit Quercitron vergleichen, war jedoch etwas stumpfer.

Sehr beliebt war ferner Orléans (oder Urucu), der aus der teigigen Oberhaut des Samens des in Westindien und Südamerika heimischen Orléansbaums gewonnene Farbstoff. Orléans kam in Stücken oder in Teigform in den Handel und war ein wichtiger Exportartikel für Cayenne, Guyana und auch Brasilien. Das aus ihm extrahierte Bixin färbte substantiv und gab ein feuriges, gut echtes Gelb.

Noch seien die Gelbbeeren genannt, Früchte verschiedener in Südeuropa vorkommender Kreuzdorn-Gattungen. Aus den unreifen Beeren gewann man das Saftgrün und das Schüttgelb, aus den reifen aber den als Xanterhammin bekannten Farbstoff. Dieser färbte mit Tonerd- und Zinnsalzen schöne, satte, gelbe Nuancen.

Natürlich ließe sich die Liste der namentlich in früheren Jahrhunderten gebrauchten Farbmaterialen noch namhaft vermehren und es wäre eine gewiß auch wirtschaftsgeschichtlich nicht undankbare Arbeit, die vielen zu diesem Zwecke gemachten Abkochungen, welche je nach den Gegenden und den oft als Geheimnis gehüteten Rezepten der Lederfärber verschieden gewesen sein mögen, zusammenzustellen, soweit dies jetzt überhaupt noch möglich ist. Es mag hierbei, wie auf andern Gebieten, manches Vorurteil und auch etwas Aberglauben mitgespielt haben. Es gibt noch jetzt Lederfabriken, die zum Nuancieren gewisser Farbtöne echten Bordeauxwein verwenden; ohne diese Beigabe soll der Ausfall nie der gewünschte sein. Die kleine Herzstärkung sei den in diesen Betrieben beschäftigten Färbern gegönnt! Von einem andern Praktiker wird erzählt, daß er sein blaues Buchbinderleder niemals färbte, wenn der Himmel nicht blau war, weil die erzielten Töne sonst nicht klar genug wurden. Ähnliche Fälle ließen sich übrigens in sehr vielen Fabriken feststellen, denn wohl in keiner Industrie ist das Arbeiten nach empirischen Grundsätzen so eingewurzelt wie in der Lederfabrikation. Diese ist in vielen ihrer Vorgänge ein wissenschaftlich noch zu wenig geklärtes Gebiet, als daß diesem Festhalten am Hergebrachten die praktische Berechtigung ganz abzusprechen wäre. Ich werde Gelegenheit haben, auf dieses Thema im nächsten Bande dieser Sammlung eingehender zurückzukommen.

GPSR Compliance

The European Union's (EU) General Product Safety Regulation (GPSR) is a set of rules that requires consumer products to be safe and our obligations to ensure this.

If you have any concerns about our products, you can contact us on ProductSafety@springernature.com

In case Publisher is established outside the EU, the EU authorized representative is:

Springer Nature Customer Service Center GmbH
Europaplatz 3
69115 Heidelberg, Germany

Batch number: 10844623

Printed by Printforce, the Netherlands